数学其实很有趣

U0393051

郑冬冬◎著

北京大学出版社
PEKING UNIVERSITY PRESS

内 容 简 介

本书致力于把身边的数学、好玩的数学推广出去,让更多的人感受到数学也可以这么有趣。本书的内容从我们熟知的数学概念、生活情景及数学应用开始,避免繁杂的数学推导与证明,解释数学知识背后的来龙去脉,用生动形象的语言展示了数学与生活方方面面的联系。

本书共有11章,讲述了一些特殊的数在生活中的应用、数学在金融领域的应用、几何学的发展与应用、悖论的介绍与应用、概率的起源与应用、分形与混沌、黄金分割、集合论等。

本书适合数学爱好者、希望对数学知识进行探索和拓展的中小学生、想激发孩子数学学习兴趣的家长,以及希望通过学习数学来了解数学应用,从而提高工作效率的职场人士等。

图书在版编目(CIP)数据

数学其实很有趣 / 郑冬冬著. —— 北京:北京大学
出版社,2025. 2. —— ISBN 978-7-301-35673-9

Ⅰ. O1-49

中国国家版本馆CIP数据核字第2024XJ0325号

书 名	数学其实很有趣	
	SHUXUE QISHI HEN YOUQU	
著作责任者	郑冬冬 著	
责 任 编 辑	孙金鑫	
标 准 书 号	ISBN 978-7-301-35673-9	
出 版 发 行	北京大学出版社	
地 址	北京市海淀区成府路205号 100871	
网 址	http://www.pup.cn 新浪微博:@北京大学出版社	
电 子 邮 箱	编辑部 pup7@pup.cn 总编室 zpup@pup.cn	
电 话	邮购部 010-62752015 发行部 010-62750672 编辑部 010-62570390	
印 刷 者	河北博文科技印务有限公司	
经 销 者	新华书店	
	880毫米×1230毫米 32开本 7印张 182千字	
	2025年2月第1版 2025年2月第1次印刷	
印 数	1-4000册	
定 价	49.00元	

前言

PREFACE

✚ 我与数学的不解之缘

第一次见到陈省身先生是在2002年北京举办的国际数学家大会上。那时的我还是一名正在准备数学竞赛的高中生。当时陈省身先生为广大喜欢数学的少年题词——"数学好玩"。从那时起,我就更加坚定了继续学习数学、研究数学的信念。那么数学究竟是什么?数学的好玩又是什么样的呢?

在高中数学竞赛获奖之后,我毫不犹豫地选择了保送南开大学数学试点班,之后有幸追随陈省身先生学习数学。我一直记得陈省身先生说的:"数学的好玩,对于每一个人是不一样的。我们研究数学的人,有研究数学的乐趣。你们学习数学的人,会有学习数学的乐趣。而使用数学的人,会感受到使用数学的乐趣。"陈先生曾做过"从三角形内角和谈起"的主题报告,其内容是从大家最熟悉的三角形内角和开始,娓娓道来,深入浅出,一直讲到陈先生做出的重要成果之一——陈-高斯-博内定理。听了报告之后我很震惊,没想到数学上这么重要的结论居然也能和我们的数学常识有这样密切的关系。我也慢慢感受到,好的数学,应该是让人能够听得明白,并知道如何应用。

很不幸,陈省身先生于2004年12月3日离我们而去。我一直觉得,如果有机会和陈先生多学习一些数学,也许我会选择去做数学研究,去努力成为像陈先生那样的数学家。我虽然没有做数学研究方面的工作,但与数学结下的缘是解不开了。

后来我们试点班的导师——顾沛教授面向全校学生开设了一门"数学文化"的公选课。这门课主要讲授数学的思想、精神和方法,刚开设就全校火爆,我选了很多次都没能选上。后来因为课程要参评国家精品课,需要全程录制,我就向院里申请了承担给课程录像的任务,这样才有幸获得了"蹭课"的机会。在课堂上,各个专业的同学在没有考试压力的情况下,对数学产生了极大的兴趣,积极参与课程互动,这不由得让我感慨数学的魅力,以及顾沛教授的讲课水平。那时我就在心里埋下了一个小小的愿望:即使不能成为像陈先生那样的数学家,也要努力做一个像顾老师那样能把数学之美带给大家的数学老师。

大三的时候,我在院学生会组织了第一届"南开大学数学文化节"。利用课余时间,在学校各处通过展板模型的展示、互动问答、互动游戏等方式向全校师生传播数学文化,介绍数学知识,让大家感受数学之美。这是我第一次做数学推广实践。

毕业后,我成了一名高中数学老师。我们国家的孩子从小就要学习数学,而且从小学开始就有各种各样的数学竞赛可以参加。所以,我们国家数学学习的氛围十分浓厚,数学也有一定的群众基础。但是由于考试的压力,很多人学习数学的目标就是应试,所以学习数学的过程就显得有些枯燥乏味。笔者希望通过本书能带给大家一些考试之外、生活之中的数学,让大家能够真正体会到学习数学的乐趣和数学的应用之美。

本书的成书原因

这本书形成的一个重要契机是高考改革。目前的新高考对数学的要求越来越灵活,越来越重视数学思想和数学应用。越来越多的学生觉得了解数学知识的来源和应用很重要。很多我教过的学生跟我说,当年高中时我讲过的那些内容,在现在的工作中居然用得到。这也让我愈发感到在数学教学之外,数学科普和推广越来越重要。

这本书成书的另一个重要契机是2022年初,我受邀在搜狐视频平台开设了一系列数学科普讲座,至今已经完成了近百期。讲座的内容涵盖了数学与我们生活方方面面的联系。本书的内容主要基于对该讲座部分内容的整理。

这本书的特色

本书用生动形象的语言、丰富的图片、具体的案例向大家展示了数学的魅力。其中没有过于复杂的数学推导和证明,即使只有初中的数学基础也可以顺利阅读。同时,本书内容和我们的生活密切相关,读后可以帮助我们提高数学素养及逻辑思维能力,让我们在生活中更好地认识未知问题。

✚ 这本书的主要内容

本书共有11章,第1章到第3章主要介绍素数、自然常数 e、圆周率 π 在不同领域的应用;第4章主要介绍数学在金融中的应用;第5章主要讲述欧氏几何与非欧几何的诞生及在不同范围的应用;第6章介绍了数学上的"矛盾结合体"——悖论,以及悖论对于研究逻辑问题和追求真理的意义;第7章主要讲述概率的起源及对概率的不同认识;第8章介绍了概率在游戏与投资中的应用——赌徒必输定律和凯利公式;第9章介绍了复杂系统中出现的分形与混沌;第10章讲述了数学在美学中的应用;第11章主要介绍从有限到无限,以及无穷的本质。

✚ 本书读者对象

◎ 喜爱数学、喜欢研究数学问题的数学爱好者。

◎ 希望探索和拓展数学知识的中小学生。

◎ 希望了解数学与自己所学专业知识的关系的大学生。

◎ 希望能够激发孩子数学学习兴趣、培养孩子数学素养的家长。

◎ 希望通过学习数学提高逻辑思维,利用数学助力工作的职场人士。

很感谢陈省身先生让一个当年在数学门口徘徊的少年义无反顾地走上了数学之路。同时感谢顾沛教授,他的"数学文化"课程让我第一次知道原来数学还可以这么讲,本书的很多内容也源于当年的课程。感谢搜狐视频让我有机会在更大的平台上做数学的科普和推广。

最后，感谢本书的策划者和编辑，在他们的努力下，这本书才可以顺利地与大家见面。

　　数学不是冷冰冰的公式与定理，也不是枯燥的推理与证明，数学本身就体现了人类的巧思与智慧的光芒。本书尽可能地以接地气的方式给不同年龄段、不同数学基础，以及各行各业的人讲解数学与生活的联系，从而展现数学之美，让大家感受"数学好玩"的真谛。希望大家能够把数学思想和方法应用到生活和工作中，让生活能够在数学的"加持"下变得更美好。

目 录
CONTENTS

第1章

从哥德巴赫猜想谈起
——素数的应用

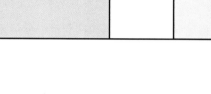

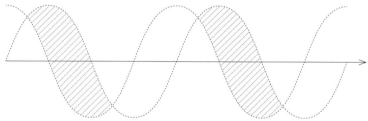

- 什么是"哥德巴赫猜想"?
- 一个小小的猜想为什么经过了200多年仍让数学家为难?
- 素数有什么用?
- 我们能否找到所有的素数?

1.1 哥德巴赫猜想

　　素数,也叫质数,是指在大于1的自然数中,除了1和它本身,没有其他因数的自然数。每一个大于1的正整数都可以唯一分解成若干个素数的乘积,这就是算术基本定理,也叫作唯一分解定理。可见,素数与正整数的乘法密切相关。18世纪,德国数学家哥德巴赫将素数和正整数的加法联系到了一起,并提出了一个至今尚未解决的数学难题——哥德巴赫猜想。在1742年,哥德巴赫给当时著名的数学家欧拉写了一封信,他在信中提出了一个引人深思的猜想:每个大于5的整数都可以写成3个素数之和。

　　由于哥德巴赫无法证明这个猜想,因此寄希望于欧拉,希望欧拉能为他解答这个难题。欧拉收到信后,对这个猜想产生了浓厚的兴趣,尝试了各种方法,但都无法证明或反驳哥德巴赫的猜想。于是,他提出了这个规律的一个等价形式,即每个大于等于6的偶数都可以表示成两个奇素数之和。例如,6可以写成3+3,8可以写成3+5,20可以写成7+13。这个等价形式虽然与哥德巴赫的原猜想略有不同,但它的证明难度同样很高。这个猜想一经提出,就引起了数学界的广泛关注。许多大数学家曾尝试证明它,但都未成功。就连欧拉本人也在这个问题上碰壁,他在回信中写道:"虽然我还不能证明它,但我确信这是完全正确的定理。"

哥德巴赫　　　　　欧拉

　　"哥德巴赫猜想"是一个在数论领域极具挑战性的问题,它不仅吸引了很多数学家为之倾尽心血,更引发了广泛的关注和讨论。这个猜想虽然表述简单,实际上却深奥无比,让人捉摸不透。

　　素数作为数学中的基本概念,被视为上帝创造出来的完美数字,而"哥德巴赫猜想"却要研究素数相加的性质,这种挑战无异于试图在崎岖的山路上攀登数学的高峰。1900年,在法国巴黎召开的国际数学家大会上,希尔伯特发表了著名的演讲,提出了23个待解的数学问题,"哥德巴赫猜想"就位列其中。

　　这个猜想从此成了数学界的一个重要议题,很多数学家投身其中,为解决这个难题而不懈努力。求解哥德巴赫猜想的相关悬赏,也激励着更多的人投身于这个领域的研究。然而,经过了200多年的努力,我们仍未证明或推翻"哥德巴赫猜想"。这个猜想就像一座难以逾越的高峰,挑战着数学家的智慧和毅力。正是在这样的挑战中,我们看到了数学的无限可能和魅力,期待着后来人能够征服这座高峰,为数学的发展开辟新的道路。

1.2 哥德巴赫猜想的证明思路

虽然还未证明"哥德巴赫猜想",但我们在证明的路上已经越走越远,也越来越接近我们的目的地。数学家们证明"哥德巴赫猜想"的思路主要有以下两个。

第一个思路:验证对于充分大的偶数"哥德巴赫猜想"都是成立的。在现代超级计算机的帮助下,我们基本已经验证了:对我们应用范围内充分大的偶数而言,"哥德巴赫猜想"都是成立的。换句话说,"哥德巴赫猜想"几乎对所有的偶数都是正确的。但这并不是严格意义上的数学证明。很多业余研究"哥德巴赫猜想"的人声称在概率意义上证明了"哥德巴赫猜想",实际上说的就是不满足"哥德巴赫猜想"的"偶数密度"(这样的偶数在所有偶数中所占的比例)为0。而这个结论,我国数学家华罗庚先生早在20世纪40年代就证明出来了。

背景介绍

华罗庚:1910年11月12日—1985年6月12日,数学家,中国科学院院士,中国科学院数学研究所研究员、原所长,是中国最早从事"哥德巴赫猜想"研究的数学家。他的学生王元、潘承洞和陈景润等也在"哥德巴赫猜想"的证明上取得了很好的成果。

第二个思路:考虑证明"哥德巴赫猜想"的弱化形式,即每个充分大的偶数可以表示为素因数个数分别为 m、n 的两个自然数之和,简记为"$m+n$"。在这个意义上,证明"哥德巴赫猜想"也就是证明"1+1",即每个充分大的偶数可以表示成两个只有一个素因数的自然数之和。而只有一个素因数的自然数又恰恰是素数。正是这种说法的广泛传播,让很多人认为"哥德巴赫猜想"就是证明"1+1=2"。进而有人就会说数学家研究这个多此一举。事实上,"1+1=2"来源于自然数的公理体系,而"哥德巴赫猜想"跟这个风马牛不相及。

在第二个思路下,很多数学家前仆后继,将问题推到了一个新的高度。1920年,挪威数学家布朗证明了"9+9";1924年,德国数学家拉德马赫证明了"7+7";1932年,英国数学家依斯特曼证明了"6+6";1938年,苏联数学家布赫夕太勃证明了"5+5";1940年,苏联数学家布赫夕太勃证明了"4+4";1956年和1957年,我国数学家王元先后证明了"3+4"与"2+3";1962年,我国数学家潘承洞证明了"1+5",这是一个突破。随后,潘承洞和王元又分别独立证明了"1+4";1965年,苏联的布赫夕太勃和小维诺格拉多夫、意大利的邦别里分别独立证明了"1+3"。1966年,我国著名数学家陈景润宣布证明了"1+2",后来他就此证明发表了《大偶数表为一个素数及一个不超过二个素数的乘积之和》。这一结果被称为"陈氏定理",至今也是第二个思路下最好的结果。如今,"哥德巴赫猜想"只剩下"1+1"没有被证明。

陈景润

陈景润：数学家，中国科学院院士，从厦门大学毕业后被分配到北京第四中学任教，后调任厦门大学图书馆管理员。由于华罗庚教授的赏识，他被调入中国科学院数学研究所任实习研究员，后来被提升为研究员，之后当选为中国科学院学部委员（院士）。外国数学家在证明"1+3"时用了大型高速计算机，而陈景润证明"1+2"完全靠纸、笔和头脑。据说他仅为简化"1+2"这一证明就用了近6麻袋稿纸。陈景润于1978年和1982年两次收到国际数学家大会请他作45分钟报告的邀请。

由此可以看到，距离证明"哥德巴赫猜想"只有小小的一步了。但这小小的一步也许会是人类永远都迈不过去的一大步。即使这样，人们仍然对证明"哥德巴赫猜想"充满信心。一代又一代的数学家和数学爱好者对这座数学高峰发起了一次又一次的挑战。

1.3 素数的应用

为什么数学家对素数这么痴迷？素数究竟有什么魅力？素数在我们的生活中究竟有什么用？一般而言，数学的研究总是领先于实际应用的。当初数学家们研究素数，可能只是被素数本身的性质吸引。到了现代社会，素数已经变成了一种重要的资源。这就要说到素数在现代信息社会中最主要的应用——非对称加密。

编写和破译密码在古代的信息传递中就诞生了。如今，在我们的生活中，经常应用的人脸识别、扫码登录、移动支付等技术手段都少不了信息传递。如何在信息传递的过程中对信息进行加密，降低隐私泄露的风险，是一个非常重要的问题。

常见的加密算法有两种，一种是对称加密算法，另一种是非对称加密算法。

对称加密算法是指加密和解密共用一个密钥，或者说用同样的方法加密或解密。简单的对称加密可以把每个字母往后移相同的位置，比如把A变成E，把B变成F……把Y变成C，把Z变成D。解密的时候只需要按相同的规则逆向处理就可以了。

更复杂一点的，就是大家在谍战剧中看到的密码本。这里的密码本就是对称加密里的密钥。发信息时用密码本来加密，收到信息后同样用这个密码本来解密。从上面的例子可以看出，对称加密有一个很大的弊

端,就是一旦密钥丢失,就会面临很大的泄密风险。在现代信息社会中,密钥在分发的过程中很容易被窃取和攻击。

随着互联网的普及和人们对信息安全需求的增长,一种新型的加密算法——非对称加密算法应运而生。

非对称加密算法的基本思想是将原来的一个密钥一分为二:一个密钥用于加密,另一个密钥用于解密。加密密钥是公开的,称为公钥;解密密钥是不公开的,称为私钥。这种设计使信息在传递的过程中能够得到更好的保护。在非对称加密算法中,发送方使用接收方的公钥对信息进行加密,只有接收方持有的私钥才能解开加密信息。这样,即使信息被截获,攻击者也无法解密,因为只有持有私钥的人才能解开加密信息。

在传统的对称加密算法中,发送方和接收方需要使用同一个密钥进行加密和解密,这使得密钥的管理变得非常困难。而非对称加密算法的公钥和私钥是独立的,发送方和接收方只需要保管好自己的私钥,公钥可以公开传播,这大大降低了密钥管理的难度。非对称加密算法的出现为信息安全领域带来了革命性的改变。它不仅提高了信息传递的安全性,还使得信息的传递更加便捷。随着人们对信息安全需求的不断增长,非对称加密算法的应用也越来越广泛,成了保障信息安全的重要手段之一。

这和素数有什么关系呢?

下面通过一个游戏帮大家更好地了解非对称加密是什么意思。

在你心里想一个三位数,然后把想到的三位数加密发给我。加密的方法是:将你想到的三位数乘以91,然后将所得数的后三位告诉我。这样我就可以知道你想的三位数是什么。也许你不相信,那我就讲解一下解密的方法和原理。

我的解密方法是,将你告诉我的三位数乘以11,这样就可以知道你原来想的三位数是什么了。举个例子,假设你心里想的数是123,用123

乘以91,结果为11193,你将11193的后三位193告诉我。以上就是加密传递的过程。我收到193这个数之后,用193乘以11,得到2123,其后三位是123,这就是你心里所想的三位数。

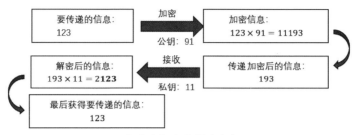

非对称加密和解密(1)

你要是还有疑惑的话,可以和身边的朋友多试几次。中间的计算过程可以使用计算器,这样更准确和迅速。

以上就是一个简单的非对称加密和解密的过程。它的原理是什么呢?这就和素数有关系了。我们可以注意到,将1001作素因数分解:$1001 = 7 \times 11 \times 13 = 11 \times 91$。1001乘以一个三位数 $\overline{abc}$(即原数),所得结果一定是 $\overline{abc}\,\overline{abc}$,这个数的后三位数和原数是一样的。所以,在前面的游戏中,91就是一个公钥,将 $\overline{abc}$ 乘以91之后再乘以11,就可以知道原数了。为了增加解密的难度,在传递的过程中,并不需要将 $\overline{abc}$ 乘以91的结果全部传递,只需要传递所得结果的后三位数就行了。因为最后结果的后三位数只跟中间结果的后三位数乘以11有关。

用上面的方法只能传递三位数,要传递更复杂的数据该怎么办呢?

注意下面的式子:

$$400000001 = 19801 \times 20201$$

$$4000000000000000000000000000001 = 1199481995446957 \times$$

$$3334772856269093$$

我们知道,400000001乘以一个八位数,所得结果的后八位数和原来的八位数一样,如400000001 × 12345678 = 4938271212345678。

所以我们可以将19801当作公钥,把要传递的八位数和19801相乘的结果的后八位数传递过去,接收者利用20201当私钥,把接收到的数据乘以20201,再看看所得结果的后八位数,就得到了要传递的八位数。

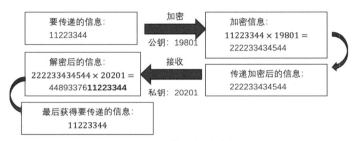

非对称加密和解密(2)

同理,利用前面第二个式子,我们可以加密传递30位数。

这样我们就可以看到,如果找到两个很大的素数p_1和p_2,利用计算器计算$N = p_1 \times p_2$是很简单的。如果我们要传递一个数据a,那么$N \times a$会是一个很大很不容易分解的数。将p_1和p_2其中一个作为公钥来加密,另一个作为私钥来解密,我们就很容易得到要传递的数据a。而别人因为不知道p_1或p_2,就不知道$N = p_1 \times p_2$。想用计算器对一个很大的数进行因数分解是很难的,即使知道中间传递的信息形式,想从$N \times a$得到a也是很难的。现在非对称加密算法应用较为著名的是RSA算法,其基本原理就是如此。

当你知道了更多的大素数,你就拥有了更安全的加密算法。从这个角度来说,素数尤其是大素数,是一种宝贵的资源。

背景介绍

RSA 算法是 1977 年由罗纳德·李维斯特、阿迪·萨莫尔和伦纳德·阿德曼一起提出的第一个非对称加密的实现算法。RSA 就是由他们 3 个人姓氏首字母拼在一起组成的。RSA 算法的保密强度随其密钥长度的增加而增强。

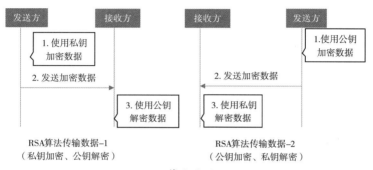

RSA算法传输数据-1
（私钥加密、公钥解密）

RSA算法传输数据-2
（公钥加密、私钥解密）

RSA 算法的原理

RSA 算法具有以下优点。

（1）安全性高：RSA 算法基于数论中的一些难题，如大整数分解和离散对数问题，这些难题目前还没有有效的解决方法，因此 RSA 算法被认为是安全性较高的加密算法。

（2）适用范围广：RSA 算法不仅可以用于数据加密，还可以用于数字签名，因此其应用场景非常广泛。

（3）无须共享密钥：传统的对称加密算法需要发送方和接收方事先共享一个密钥，而 RSA 算法使用公钥和私钥来进行加密和解密，无须事先共享密钥，方便双方通信。

（4）抗攻击性强：与传统的对称加密算法相比，RSA 算法具有更强的抗攻击性，因为即使攻击者获得了密文和公钥，他们也很难解

密出明文。

（5）具有可验证性：RSA算法不仅可以用于加密，还可以用于数字签名，使接收方可以验证消息的真实性。

1.4

探索素数之旅

从古希腊时期开始,人们就发现了素数所具有的独特性质。素数只有两个正因数(1和它本身),在数学领域中扮演着至关重要的角色。为了寻找这些神秘的数字,古希腊著名的数学家埃拉托斯特尼发明了一种名为"埃拉托斯特尼筛法"的基本方法。这种筛法是一种简单而直观的算法。他把正整数一一写出来,然后依次去除每个数的倍数。他先去掉2的倍数,然后是3的倍数,接下来是5的倍数,以此类推,一直处理到较小素数的倍数被全部去除。这样处理完后,剩下的就是较大的素数了。由于处理过程中蜡板上出现了许多小孔,看起来就像用筛子筛选过一样,因此这种方法被称为"埃拉托斯特尼筛法"。随着计算机技术的飞速发展,我们能够利用计算机程序快速找到一定范围内的所有素数,这大大提高了寻找素数的效率和准确性。在计算机的帮助下,我们可以在短时间内找到成千上万个素数。

也许有人会担心,这样会不会很快就把素数找完了?放心,不会。因为素数有无穷多个,古希腊数学家欧几里得就证明了这个结论。假设素数有有限个,它们从小到大分别为$p_1, p_2, p_3, \cdots, p_n$,记$A = p_1 \times p_2 \times p_3 \times \cdots \times p_n + 1$,我们会发现$A$不被$p_1, p_2, p_3, \cdots, p_n$中的任何一个整除,所以$p_1, p_2, p_3, \cdots, p_n$都不是$A$的素因数。而$A$比$p_1, p_2, p_3, \cdots, p_n$都要大,所以要么$A$本身是素数,要么$A$有比$p_1, p_2, p_3, \cdots, p_n$更大的素因数。无论哪种情况,都和假设矛盾。这样就证明了素数有无穷多个。

用前面的筛法寻找素数的缺点是,越往后就越难找到新的素数。所以我们要换个思路。在小学的时候,我们可能背过100以内的素数:2、3、5、7、11、13、17、19、23、29、31、37、41、43、47、53、59、61、67、

素数有无穷多个!不用担心素数会被找完了。

欧几里得

71、73、79、83、89、97。观察这些素数可以发现:素数之间的间隔好像没有一个统一的规律。那么素数之间的间隔到底有没有规律? 或者说,素数的分布是否有一定的规律,当找到了前面的素数,能不能根据这些规律去找后面的素数?

由此,数学家从两个方面来考虑。一个方面,两个素数间的间隔可以任意大。注意是任意大,不是无限大。这里是说,你随便取一个足够大的数,都能找到两个数,间隔与你取的数那么大,而且这两个数之间没有素数。这对寻找素数来说,似乎不是一个好消息。另一个方面,素数之间是否存在最小间隔,也就是著名的"孪生素数猜想"。孪生素数是指相差为2的两个素数,比如3和5,17和19。"孪生素数猜想"是说有无穷多对孪生素数,即虽然数越大素数越稀少,但无论多大的数,总是存在比它大的孪生素数。尽管"孪生素数猜想"还没有被证明,但数学家在这个问题上有了突破性成果。

2013年5月14日,英国《自然》杂志报道了华裔数学家张益唐证明了"存在无穷多个之差小于7000万的素数对"。这被认为是对"孪生素数猜想"问题的重大突破。"孪生素数猜想"可以弱化为:能不能找到一个正数,使无穷多对素数之差小于等于这个给定正数。在"孪生素数猜想"中,这

个正数是2,而张益唐找到的正数是7000万。张益唐的研究表明,素数之间是存在最小间隔的。虽然7000万到2还有很大的距离,但相比无穷大到7000万的差距是微不足道的。后来张益唐把这个结果改进到了246。

背景介绍

　　张益唐:男,华裔数学家,毕业于北京大学数学系,师从著名数学家潘承彪教授。

　　了解了素数分布的规律后,人们也在猜想,素数是否有公式。数学家们提出了很多对素数公式的猜想。律师、业余数学家费马猜想,形如:

$$F_n = 2^{2^n} + 1$$

这样的数都是素数。我们将 $n = 0$、1、2、3、4代入,得到

$$F_0 = 2^{2^0} + 1 = 3$$

$$F_1 = 2^{2^1} + 1 = 5$$

$$F_2 = 2^{2^2} + 1 = 17$$

$$F_3 = 2^{2^3} + 1 = 257$$

$$F_4 = 2^{2^4} + 1 = 65537$$

这5个数都是素数。

　　但是这个结论很快被推翻了。据说1732年著名数学家欧拉在参加一场讨论费马数的数学会议中一言不发,只是默默走到黑板前,写下了:

$$2^{2^5} + 1 = 641 \times 6700417$$

　　会场先是鸦雀无声,之后立即爆发出雷鸣般的掌声。这个结论当然是欧拉花了一定功夫研究出来的,而写出来却是一个如此直观明了的式

子。这个结果宣告了费马的猜想是错误的,并不是所有的费马数都是素数。后来在计算机的帮助下,人们发现 F_6、F_7、F_8、F_9 等很多费马数均不是素数,只有费马当年提出来的5个才是素数。这可能是一个巧合,也可能是上天和费马开的一个玩笑。

后来,人们又提出了梅森数的概念。梅森数是指形如 $2^p - 1$(其中 p 为素数)的正整数。我们可以验证一下,对于 $p = 2,3,5,7,13,17,19$,可知 $2^p - 1$ 均为素数。但对于所有素数 p,$2^p - 1$ 并非都是素数。梅森数是我们寻找大素数的一个重要方法。2024年10月,美国数学爱好者、英伟达前工程师卢克·杜兰特利用GIMPS(互联网梅森素数大搜索)项目发现了第52个梅森素数:$2^{136279841}-1$,共有41024320位。GIMPS 始于1996年,由世界各地的志愿者自愿花时间计算梅森素数。志愿者从 GIMPS 网站上下载免费软件,当计算机闲置时,这个软件就开始在数轴上进行梳理式计算。在已知的梅森素数中,有不少就是通过这个渠道找到的。发现者会有3000美元的研究发现奖。你看,找到大素数,还可以赚钱。

虽然人们没有找到一个可以表示素数的公式,但是发现了一些素数分布的规律。"小于给定数值的素数个数"这个问题,最早是高斯提出来的。高斯认为,既然素数的通项公式看起来极其难求,那么换个简单一点的问题,可不可以求出小于任意给定值的素数个数呢?后来数学家把小于等于任意给定值 x 的素数个数称为素数计数函数 $\pi(x)$。数学家们发现,$\pi(x)$ 满足 $\lim\limits_{x \to \infty} \dfrac{\pi(x)}{\dfrac{x}{\ln x}} = 1$。也就是说,当 x 很大的时候,小于 x 的素数个

数与 $\dfrac{x}{\ln x}$ 的值是很接近的。而 $\dfrac{x}{\ln x}$ 随着 x 的增大,增长越来越慢。所以素数的个数会越来越稀疏。高斯在闲暇时通过计算来寻找并统计素数,发

现素数的分布密度平均地接近于其对数的倒数。几年后,勒让德独立发

现了相似的结果。这就是著名的素数定理,于1896年由阿达马和德·拉·

瓦莱布桑各自独立证明。我们设 $\mathrm{Li}(x) = \int_2^x \dfrac{1}{\ln t}\mathrm{d}t$,素数定理的内容就是

$\lim\limits_{x \to \infty} \dfrac{\mathrm{Li}(x)}{\pi(x)} = 1$。实际上,在估计 $\pi(x)$ 时,$\mathrm{Li}(x)$ 要比 $\dfrac{x}{\ln x}$ 好得多,也就是 x

更大时,$\mathrm{Li}(x)$ 比 $\dfrac{x}{\ln x}$ 更接近 $\pi(x)$。

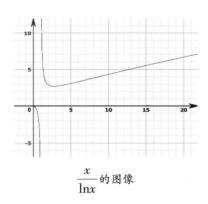

$\dfrac{x}{\ln x}$ 的图像

素数定理在1000~1000000000范围内的验证

x	$\pi(x)$	$\dfrac{x}{\ln x}$	$\mathrm{Li}(x)$	$\dfrac{\pi(x)}{\mathrm{Li}(x)}$	$\dfrac{\pi(x)}{x}$
1000	168	145	178	0.94⋯	0.1680
10000	1229	1086	1246	0.98⋯	0.1229
50000	5133	4621	5167	0.993⋯	0.1026
100000	9592	8686	9630	0.996⋯	0.0959
500000	41538	38103	41606	0.9983⋯	0.0830
1000000	78498	72382	78628	0.9983⋯	0.0785
2000000	148933	137848	149055	0.9991⋯	0.0745
5000000	348513	324149	348638	0.9996⋯	0.0697

续表

x	$\pi(x)$	$\dfrac{x}{\ln x}$	$\mathrm{Li}(x)$	$\dfrac{\pi(x)}{\mathrm{Li}(x)}$	$\dfrac{\pi(x)}{x}$
10000000	664579	620417	664918	0.9994…	0.0665
20000000	1270607	1189676	1270905	0.9997…	0.0635
90000000	5216954	4913897	5217810	0.99983…	0.0580
100000000	5761455	5428613	5762209	0.99986…	0.0576
1000000000	50847478	48254630	50849235	0.99996…	0.0508

　　1963 年,美籍波兰裔数学家乌拉姆在聆听一场无聊的报告时在纸上信手涂鸦,无意中发现了素数的另一种分布规律。他从纸的中心开始,由内而外以螺旋形写出了各个正整数。随后,他圈出了其中所有的素数。令乌拉姆吃惊的是,这些被圈出的素数与整数方阵的对角线趋近于平行。乌拉姆进一步绘制了一个大小为 200×200 的素数方阵,这里我们将其中的素数用黑点标出,未标出的为其他正整数。他发现,在素数方阵中可以清晰地观察到水平线、垂直线、对角线似乎都包含更多的素数。

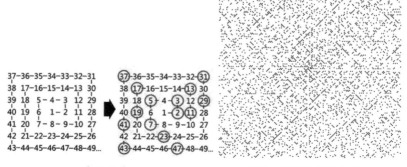

素数分布　　　　　　　　　　　200 × 200 的素数分布

　　我们将每个素数作为极坐标下的半径 r 和辐角 θ,这样就可以得到极坐标下的素数分布,此时素数都分布在某些螺线上。

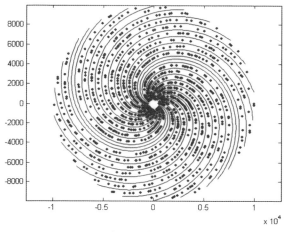

极坐标下的素数分布(深色点为素数)

　　素数的分布规律有待我们进一步研究。虽然至今还没有找到一个可以表示全体素数的公式,但这并不妨碍我们不断探索新的素数,以及向有关素数的各种数学猜想发起挑战。在寻找素数的过程中,数学家们不断发现新的素数,也不断提出新的数学猜想。这些猜想不仅挑战着数学家的智慧,也推动着数学的发展。随着计算机技术的发展,我们可以通过计算机算法来寻找更大的素数,这为素数的研究提供了更多的可能性。素数作为一种稀缺的资源,其价值也日益显现。随着网络安全和数据加密需求的不断增加,素数在密码学中的应用也越来越广泛。同时,在物理学、工程学等领域,素数也发挥着重要的作用。因此,对于素数的研究和探索,不仅具有理论价值,更具有实际应用价值。

　　总之,素数的研究和发展对于数学和人类文明都有着重要的意义。同时,也希望更多的数学爱好者加入素数的研究,共同推动数学的发展和人类文明的进步。

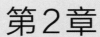

第2章

怎样洗抹布更干净
——无处不在的
自然常数 e

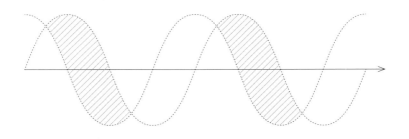

- 怎样洗抹布更干净?
- 怎样存钱利息更高?
- 自然常数 e 究竟是什么?
- 自然常数 e 会在哪些地方出现?

2.1

怎样洗抹布更干净

　　无论在学校还是在家中,我们都需要打扫卫生,比如擦擦桌子之类的。不知道大家是否思考过一个问题:如果可以使用的清水是有限的,如何洗抹布能把抹布洗得更干净? 现在就带大家从数学的角度来研究一下这个问题。

　　既然是从数学角度考虑这个问题,首先要为洗抹布这个具体问题建立一个数学模型,做一些合理的假设和简化。我们可以把抹布看成类似海绵的物体,无论你多么用力地拧它,其中都会含有一定量的水。我们洗抹布的过程,就是让抹布里的污水和清水形成了污质浓度更低的新的溶液。拧完抹布之后,抹布里残留的液体比原来洗之前的污质浓度更低,所以抹布就比洗之前更干净。这就是抹布能被洗干净的原理。那么我们现在想要知道的问题是:在清水有限的情况下,是用所有清水洗一次还是将清水分成几份多洗几次能使抹布更干净?

一次洗更干净还是多次洗更干净

　　现在我们用严谨的数学语言来描述这个问题。假设有一块抹布,为了让大家更容易理解,我们假设抹布为海绵。这块海绵无论如何挤压,其中都会残留 10g 液体。再假设现在这块海绵中的液体全是墨水且有 10g，我们有 100g 清水可以对这块海绵进行清洗，有如下 3 种方案：方案一，将海绵直接放入 100g 清水中清洗并拧干；方案二，将清水平均分成两份，即每份 50g，将海绵先放入第一份清水中清洗并拧干，再放入第二份清水中清洗并拧干；方案三，将清水平均分成 5 份，每份 20g，将海绵依次放入每份清水中清洗并拧干。那么，哪种方案能把海绵洗得更干净？换句话说，用哪种方案清洗海绵会使残留液体中的墨水含量最低？相信大家凭借生活经验可以大概猜出这个问题的答案。接下来，我们用严谨的数学计算来验证大家的猜想是否正确。

先来看方案一，将含有 10g 墨水的海绵直接放入 100g 清水中。假设墨水完全从海绵中释放到清水中，这时溶液混合后的墨水浓度是 $\dfrac{10}{100+10} = \dfrac{1}{11} \approx 0.090909$。也就是说，最终海绵中的 10g 液体所含墨水为 $10 \times \dfrac{1}{11} = \dfrac{10}{11} \approx 0.909091\text{g}$。

再来看方案二，将 100g 清水平均分成两份，即每份 50g。先将含有 10g 墨水的海绵放入第一份 50g 清水中，这时溶液的浓度为 $\left(\dfrac{10}{\frac{100}{2}+10} \right)$，拧干后海绵中 10g 液体所含墨水为 $10 \times \dfrac{10}{\frac{100}{2}+10}\text{g}$。我们再将洗完后的海绵放入第二份 50g 清水中，此时溶液的浓度为 $\dfrac{10 \times \dfrac{10}{\frac{100}{2}+10}}{\frac{100}{2}+10} = \left(\dfrac{10}{\frac{100}{2}+10} \right)^2 = \dfrac{1}{36} \approx 0.027778$。最终海绵中的 10g 液体所含墨水为 $10 \times \dfrac{1}{36} = \dfrac{10}{36} \approx$

0.277778g。从这里我们可以看到分两次清洗,要比洗一次最终残留的墨水少,也就是说分两次清洗洗得更干净。

接下来看方案三。方案三需要清洗5次,我们就不一一推导每次的浓度了,而是考虑一下这个问题的一般结论。

假设海绵中有ag墨水,现有bg清水,我们将清水等分为n份,每份为$\frac{b}{n}$g,将海绵依次放入每份清水中清洗并拧干,来看看最终的结果。设每次清洗完海绵中的溶液浓度为a_i(其中i表示次数),则$a_1 = \dfrac{a}{\dfrac{b}{n} + a}$,第$i$次清洗完后海绵中残留的墨水为$(a \times a_i)$g,故$i+1$次清洗完的溶液浓度为

$a_{i+1} = \dfrac{a \times a_i}{\dfrac{b}{n} + a}$。注意,其中$a$、$b$、$n$都是确定的数。$a_i$构成一个以$a_1 = \dfrac{a}{\dfrac{b}{n} + a}$为首项,$\dfrac{a}{\dfrac{b}{n} + a}$为公比的等比数列。根据等比数列的通项公式,我

们可以得出$a_n = \left(\dfrac{a}{\dfrac{b}{n} + a} \right)^n$。根据前文的条件可知,$a = 10$,$b = 100$,方案

三中的$n = 5$,按方案三清洗后,所得溶液的浓度为$\left(\dfrac{10}{\dfrac{100}{5} + 10} \right)^5 = \left(\dfrac{1}{3} \right)^5 = $

$\dfrac{1}{243} \approx 0.004115$。海绵中最后残留的墨水为$10 \times \left(\dfrac{10}{\dfrac{100}{5} + 10} \right)^5 \approx$

0.041152g。

由此我们可以看出,方案三清洗得最干净。

我估计大多数人用生活经验得出来的答案也是如此,那我们为什么还要多此一举用数学进行这么复杂的运算呢?因为如果想彻底解决这类问题,必须依靠精确的数学计算。那么如果把清水分成尽量多的份数,尽

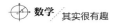

量多洗几次,能不能把抹布洗得无限干净? 我们来看看刚才海绵的例子,
如果洗10次、100次、1000次,以及10000次,结果如何?

$$\left(\frac{10}{\frac{100}{10}+10}\right)^{10} = 0.0009765625$$

$$\left(\frac{10}{\frac{100}{100}+10}\right)^{100} \approx 0.0000725657$$

$$\left(\frac{10}{\frac{100}{1000}+10}\right)^{1000} \approx 0.0000477118$$

$$\left(\frac{10}{\frac{100}{10000}+10}\right)^{10000} \approx 0.0000456273$$

　　根据以上结果我们可以看到,随着清洗次数的增多,海绵中的墨水含量的
确越来越低。但是无论清洗多少次,墨水浓度并没有一直下降得很明显。貌
似墨水含量的最小值被一个数限制住了,这个数就是e^{-10}($e^{-10} \approx 0.0000453999$)。
没想到吧? 洗抹布竟洗出了一个自然常数e。自然常数e究竟是什么?
接下来我们就来聊一聊自然常数e的前世今生。

2.2

怎样存钱利息更高

　　自然常数 e 相传是为了纪念数学家欧拉在数学领域的卓越成就,用其姓氏的首字母来命名的。

背景介绍

　　欧拉:数学家、自然科学家,1707 年 4 月 15 日生于瑞士巴塞尔,1783 年 9 月 18 日在俄国圣彼得堡去世。他是 18 世纪杰出的数学家,在数学界被称为"用名字修饰定理"的人。在数学领域经常可以看到用他的名字命名的重要常数、公式和定理。

　　然而,自然常数 e 并不是欧拉先发现的。说到自然常数 e 的发现,就不得不先提一下 17—18 世纪著名的数学家辈出的家族——伯努利家族,这个家族为科学界做出了重大的贡献。欧拉的老师是约翰·伯努利。欧拉当年接替了约翰·伯努利的儿子丹尼尔·伯努利的教职,成了俄国圣彼得堡科学院的教授,在那里出色地做了大量数学、物理方面的工作。

　　不过,自然常数 e 也不是约翰·伯努利发现的,而是他的哥哥雅各

我们伯努利家族可是赫赫有名的啊!

雅各布·伯努利

布·伯努利在研究复利问题时发现的。

接下来,我们就模拟一下当年雅各布·伯努利的研究过程。下面从大家感兴趣的问题——"怎么存钱利息更高"为例。

怎么存钱利息能多点?

如何存钱利息更高

在银行存钱会有利息,利息的计算方式主要有两种:单利与复利。单利是指每次计息时只以最初的本金来计息,之前产生的利息不计息。比如有 100 元本金,按 10% 的利率存 3 年,按照单利计算,3 年后的本息和就是 $100 \times (1 + 10\% \times 3) = 130$ 元。复利是指每次计息时以之前的本息和作为新的本金来计息,就是所谓的"利滚利"。比如有 100 元本金,按 10% 的利率存 3 年,按照复利计算,3 年后的本息和就是 $100 \times (1 + 10\%)^3 = 133.1$ 元。

在理财书籍里常会提到"复利的力量",就是说利用复利可以带来更多的收益。请记住这一点,这是提高收益的一个基本原则,即把单利变成复利。

假设有 m 元本金,按年利率为 1 存进银行一年,一年后本息和就是 $2m$ 元。当然,假定年利率为 1 是为了计算的简便,现实中可没有这么高的年利率。

在银行将钱存一年只生了一次利息,没有利用上复利。如果把这笔钱先存半年,再把获得的利息和本金一起存半年,这不就利用上复利了吗?假设半年期存款的利率是一年期的一半(即 $\frac{1}{2}$),这样一年下来本息和就是 $m\left(1 + \frac{1}{2}\right)^2 = 2.25m$ 元,比之前的本息和多了 $0.25m$ 元。但不管怎么说,本息和变多了。

第一种情况下,本金在一年中只生了一次利息;第二种情况下,本金在前半年生了一次利息,生的利息又在后半年生出了利息,这就是复利。虽然看起来额外收益不多,但是按照这个方向想下去,不知道你会不会产生一个大胆的想法——如果存4次、10次、100次、1000次,甚至10000次,会产生什么情况? 本息和会无限增加吗?

接下来用表格让大家看看结果是什么样的。

多次存钱的本息和

单位:元

本金	次数	利率	本息和表达式	本息和
m	1	1	$(1+1)m$	$2m$
m	2	$\dfrac{1}{2}$	$\left(1+\dfrac{1}{2}\right)^2 m$	$2.25m$
m	4	$\dfrac{1}{4}$	$\left(1+\dfrac{1}{4}\right)^4 m$	$2.441406m$
m	10	$\dfrac{1}{10}$	$\left(1+\dfrac{1}{10}\right)^{10} m$	$2.593742m$
m	100	$\dfrac{1}{100}$	$\left(1+\dfrac{1}{100}\right)^{100} m$	$2.704814m$
m	1000	$\dfrac{1}{1000}$	$\left(1+\dfrac{1}{1000}\right)^{1000} m$	$2.716924m$
m	10000	$\dfrac{1}{10000}$	$\left(1+\dfrac{1}{10000}\right)^{10000} m$	$2.718146m$
m	n	$\dfrac{1}{n}$	$\left(1+\dfrac{1}{n}\right)^n m$	em

从上表可以看出,随着存取次数的增加,本息和的确一直在增加。那我们就要考虑一个问题了,为什么没有人天天待在银行不停地存钱和取钱? 首先,银行为了避免大家天天存钱、取钱,会把长期存款利率设定得高于短期存款利率。其次,银行提供自动转存服务,避免大家为了复利没事

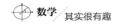

就存钱、取钱。下表是2023年中国银行人民币存款利率表(2023-06-08)。

2023年中国银行人民币存款利率表(2023-06-08)

项目	年利率(%)	
一、城乡居民及单位存款		
(一)活期存款	0.20	
(二)定期存款		
1.整存整取		
三个月	1.25	
六个月	1.45	
一年	1.65	
二年	2.05	
三年	2.45	
五年	2.50	
2.零存整取、整存零取、存本取息		
一年	1.25	
三年	1.45	
五年	1.45	
3.定活两便	按一年以内定期整存整取同档次利率打6折	
二、协定存款	0.90	
三、通知存款		
一天	0.45	
七天	1.00	

我们可以看到,如果选择整存整取的定期存款方式,3个月一存,然后将本息和取出,这样存一年,实际本息和是本金的$\left(1+\dfrac{1.25\%}{4}\right)^{4} \approx 1.012559$

倍(注意表中数据是年利率,所以3个月的实际利率要除以4)。而3个月的存款年利率为1.25%,低于一年的存款年利率1.65%,所以在实际问题中,分次存短期的利息不如一次存长期的利息高。

📡 背景介绍

　　整存整取:指储户在银行存款时约定存期,一次性存入,到期时一次支取本息的一种存款方式。

　　零存整取:指储户在银行存款时约定存期,每月固定存款,到期一次支取本息的一种存款方式。

　　整存零取:指储户在银行存款时约定存期,本金一次性存入,固定期限分次支取本金的一种存款方式。

　　此外,随着存取次数的增加,本息和增长得越来越慢。所以多次存取,越往后获得的额外收益越低。所以没必要去银行不停地存钱、取钱,本息和增长是有一个上限的,而这个上限就是自然常数e。

　　那么究竟e是什么呢?我们根据刚才的计算可以看到,如果年利率为1,一年存取n次,最终的本息和是本金的$\left(1+\dfrac{1}{n}\right)^n$倍。从2023年中国银行人民币存款利率表(2023-06-08)中我们可以看到,随着n的增大,$\left(1+\dfrac{1}{n}\right)^n$也会一直增大,但增大得越来越慢,且越来越接近一个数。当年雅各布·伯努利通过研究发现,当n趋向于正无穷时,$\left(1+\dfrac{1}{n}\right)^n$是存在极限的,这个极限就是自然常数e,用数学语言来描述就是$\displaystyle\lim_{n\to\infty}\left(1+\dfrac{1}{n}\right)^n=e$。

这里的自然常数 e 是一个无理数,也就是一个无限不循环小数,e = 2.718281⋯

$$e = \lim_{n \to \infty}\left(1 + \frac{1}{n}\right)^{n}$$

我们上一节中提到了怎样洗抹布更干净的案例。如果海绵中有 a g 墨水,将 b g 清水平均分为 n 份,逐份清洗后,最终海绵中溶液的浓度为:

$$\left(\frac{a}{\frac{b}{n}+a}\right)^{n} = \left(\frac{\frac{b}{n}+a}{a}\right)^{-n} = \left(1 + \frac{b}{an}\right)^{-n} = \left[\left(1 + \frac{b}{an}\right)^{\frac{an}{b}}\right]^{-\frac{b}{a}}$$

当 a、b 为定值时,$\lim\limits_{n \to \infty}\left(1 + \dfrac{b}{an}\right)^{\frac{an}{b}} = e$,所以海绵中溶液浓度的极限是 $e^{-\frac{b}{a}}$。案例中,$a = 10$,$b = 100$,故最终溶液浓度的极限就是 $e^{-10} \approx 0.0000453999$。

我们可以看到,自然常数 e 是一个变化的极限。无论是变大还是变小,都是有限制的。生物的繁衍生息一样也要遵循自然常数 e 的限制。生物繁殖本质上是物质和能量的传递。如果把母体可传递给子代的物质能量总体记为 a,那么一般生物会选择两种不同的生殖策略。一种是产生尽量多的子代个体,但每个个体的存活率低;另一种是产生较少的子代个体,但每个个体的存活率高。用数学语言描述就是,假设母体产生 n 个子代个体,母体把物质能量均分给每个子代个体,每个子代存活率与从母体获得的物质能量即 $1 + \dfrac{a}{n}$ 正相关,而我们假设 n 个子代个体是否存活是相对独立的,那么子代整体存活率与 $\left(1 + \dfrac{a}{n}\right)^{n}$ 正相关。

根据自然常数 e 的定义可以知道,$\lim\limits_{n \to \infty}\left(1 + \dfrac{a}{n}\right)^{n} = \lim\limits_{n \to \infty}\left[\left(1 + \dfrac{a}{n}\right)^{\frac{n}{a}}\right]^{a} = e^{a}$。

也就是说，$\left(1+\dfrac{a}{n}\right)^n$ 在 n 趋向于无穷大的时候有极限 e^a。也正是因为有自然常数 e 的限制，才造就了地球生物圈物种的多样性。并不是 n 越大，子代存活率就能无限增长。所以，有些生物(比如大多数的昆虫和鱼类)选择第一种策略，产出较多的子代个体，以提升子代的存活率；有些生物(比如包括人在内的大多数哺乳动物)选择第二种策略，产出较少的子代个体，以保证个体的存活率。

上面给大家介绍了自然常数 e 的由来，接下来给大家介绍一些有趣的问题，看看自然常数 e 是如何无处不在的。

2.3

无处不在的自然常数 e

下面先来提一个有趣的小问题。如果把10拆成一些正整数的和,怎么拆才能使这些正整数的乘积最大呢?

比如 $10 = 1 + 2 + 3 + 4$,这种拆法的乘积为 $1 \times 2 \times 3 \times 4 = 24$,这种拆法所得到的乘积显然不是最大的。如果花点时间试一下就会发现,把10拆成3、3、2、2这4个正整数,它们的乘积为 $3 \times 3 \times 2 \times 2 = 36$,这种拆法得到的正整数的乘积是最大的。那如果是拆20或100这样比较大的数,又该怎么拆呢?

我们可以建立一个一般的模型。设 n 是一个正整数,把它拆成若干个正整数之和,怎么拆才能使这些正整数的乘积最大呢? 我们可以分成以下几步来考虑。

首先由算术–几何均值不等式可知,这些被拆分的正整数的和为定值 n,所以它们全相等的时候乘积最大。

 背景介绍

算术–几何均值不等式:设 $a_1, a_2, a_3, \cdots, a_n$ 均为正数,则有:

$$\sqrt[n]{a_1 a_2 a_3 \cdots a_n} \leqslant \frac{a_1 + a_2 + a_3 + \cdots + a_n}{n}$$

其中,等号成立的条件为 $a_1 = a_2 = a_3 = \cdots = a_n$。

那么接下来我们就可以假设把这个正整数 n 平均分成 x 份，每份为 $\dfrac{n}{x}$，即每份的乘积为 $f(x) = \left(\dfrac{n}{x}\right)^x$。实际上，我们就是求 x 取何值时，$f(x)$ 有最大值。

详 解

$f(x) = \left(\dfrac{n}{x}\right)^x$ 最大值的求解过程：

$$f(x) = \left(\dfrac{n}{x}\right)^x = \left(\dfrac{x}{n}\right)^{-x} = e^{(-x)\ln\left(\frac{x}{n}\right)}$$

$$f'(x) = e^{(-x)\ln\left(\frac{x}{n}\right)}\left[-\ln\left(\dfrac{x}{n}\right) - 1\right]，令 f'(x) = 0，得 \ln\left(\dfrac{x}{n}\right) + 1 = 0，故$$

$x = \dfrac{n}{e}$。

当 $0 < x < \dfrac{n}{e}$ 时，$f'(x) > 0$；当 $x > \dfrac{n}{e}$ 时，$f'(x) < 0$，故 $x = \dfrac{n}{e}$ 是 $f'(x)$ 的极大值点。

通过对 $f(x)$ 求导分析可知，$f(x)$ 在 $x = \dfrac{n}{e}$ 的时候有最大值，这时拆出来的每个数就是 e，最大的乘积也就是 $f(x)$ 的最大值——$e^{\frac{n}{e}}$，这就是问题的答案。

这时大家要说了，之前不是说自然常数 e 是一个无理数吗？题目要求不是要拆成正整数的和吗？

这就是理论与实践的区别。接下来根据理论指导，稍加改动就能得到一套完美的解决方法。

我们知道，要想乘积最大，拆成的正整数要尽量相等，且尽量接近 e。

而 e = 2.718281… 也就是 e 是一个在 2 和 3 之间的数,更接近 3。所以我们就把这个正整数尽量拆成若干个 2 和 3 的和即可。而 6 = 3 + 3 = 2 + 2 + 2,并且 3 × 3 > 2 × 2 × 2,所以要把这个正整数尽量拆成 3,拆出来 2 的个数不大于两个,不然我们就能把 3 个 2 换成两个 3,这样这些数的和没变,而乘积变大了。

根据这个结论,如果把 20 拆成若干个正整数的和,让这些正整数的乘积最大,我们就应该把 20 拆成 6 个 3 和一个 2 的和,最终的乘积为 $3^6 × 2 = 1458$。由此我们可以看到,这个表面上跟自然常数 e 八竿子打不着的整数问题,也蕴含着与自然常数 e 有关的解答。

下面我们来看看生活中还有哪些问题与自然常数 e 紧密相关。

2.4 难得的缘分

每天我们都有机会在各种场合与陌生人相遇,或许在学校,或许在家中,又或许在其他地方。有些人在我们身边停留了许久,但我们从未意识到他们的存在。然而,在某个特定的时刻,我们可能会偶然相识,然后惊讶地发现彼此之间的距离原来如此之近。

那么,缘分究竟是一种怎样的存在呢?它是否可以用数学来量化呢?接下来,让我们一起进入"数学红娘"的奇妙世界,用数学的方式来探索缘分的奥秘。

数学与缘分

假设单身的你和心仪的他/她住在同一个小区,这个小区除你之外,还有其他住户100人,你每天都能在小区偶遇这100人中的一人。如果你是一个腼腆的人,不太善于主动出击,那么仅仅依赖每天偶遇的机会,你100天都遇不到心仪对象的概率有多大?

可能有人会觉得,反正大家都住一个小区,无论如何都有机会碰到吧？下面就用精确的数字来告诉你答案。总共100人，每天随机遇到1个人，一天内遇不到心仪对象的概率是 $1-\dfrac{1}{100}$，100天都遇不到的概率就是 $\left(1-\dfrac{1}{100}\right)^{100}$。你觉得这个数很小吗？用计算器来算一下，可以得到 $\left(1-\dfrac{1}{100}\right)^{100} \approx 0.366032$。也就是说，你大约有 $\dfrac{1}{3}$ 的概率在这100天中遇不到心仪对象。你可能会纳闷，为什么遇不到的概率会这么高呢？如果人多一些、日子长一点呢？

我们来考虑一下这个问题的一般情况：假设你和 n 个人住在同一个小区，每天随机遇见1个人，n 天中你一直都遇不到某个人的概率是多少？根据之前的分析，一天内遇不到某个人的概率是 $1-\dfrac{1}{n}$，n 天中都遇不到的概率是 $\left(1-\dfrac{1}{n}\right)^{n}$。根据自然常数 e 的定义可以知道，$\lim\limits_{n \to \infty}\left(1-\dfrac{1}{n}\right)^{n}=\dfrac{1}{e} \approx 0.367879$。也就是说，无论多少人，在这么多天内，你遇不到某人的概率都不小于 $\dfrac{1}{e}$。

这个结果告诉我们，幸福要靠自己主动追求，若是听天由命，就有很大概率错过自己的幸福。当然，当你不用考虑缘分时，可能会为如何选择而困扰，自然常数 e 同样可以帮你做出最佳的选择。

2.5
最佳的选择

假设在一个相亲节目中，一位女嘉宾被安排接受10位男嘉宾的依次告白。女嘉宾要么选择拒绝，期待下一位能够更好；要么选择接受，与男嘉宾一起牵手，而这意味着放弃了对其他男嘉宾的选择。对女嘉宾而言，如何能够选到最优秀的男嘉宾呢？

在讲解以上问题之前，先给大家讲一个故事。古希腊大哲学家苏格拉底的弟子向他提问："怎样才能找到人生的理想伴侣？"苏格拉底带着弟子们来到了一块麦田，跟他们说："你们从麦田中走过去，在这个过程中，每个人选择一个自己认为最大的麦穗摘下来。但是有一个要求，你们不能走回头路，每个人只能摘一次。"

第一个弟子刚走了几步，就迫不及待地摘了一个他认为最大的麦穗，结果发现后面有更多更大的麦穗。可苏格拉底说了，只能摘一次，他只好坚持开始的选择。

第二个弟子看了第一个弟子的结果后很犹豫，他总是想："要是后面还有更大的怎么办？"结果快到终点才发现，最大的麦穗已经被他错过了，他只好随便选了一个。

第三个弟子是如何做的呢？他把这段路程分为三段。在第一段，他只观察麦穗，分辨什么是大的、什么是中等的、什么是小的；在第二段，他去验证第一段中制定的标准是否正确;在最后一段,他根据验证过的标准选择最大的麦穗。也就是说,在第一段路上看到大的麦穗先不摘,而是把它和第二段路上遇到的麦穗做对比。如果跟第二段路上的一比,发现第一段上遇到的麦穗更大,那么在第三段中遇到比第一段路上更大的麦穗后就把它摘下来。如果发现第二段中最大的麦穗比第一段的大,就把第二段最大的麦穗作为新的标准。

如何选择最大的麦穗

3个弟子中,哪个更有可能摘到最大的麦穗? 第一个弟子的策略是见到好的就选,不考虑后面会不会遇到更好的。第二个弟子比较犹豫,生怕错过最好的而不敢做选择,最后勉强做了选择。第三个弟子是先确定一个标准,然后验证标准,最后根据标准做选择。相比而言,第三个弟子的策略是最好的。

无论是选择麦穗,还是伴侣,最佳的选择策略都应该是上来要沉住气,无论对象多么优秀,都不要做选择,只是制定标准,通过标准去衡量后面的对象哪个更好。在公司招聘时,候选人一个接一个地出现,而招聘名额有限,前面录用了,后面就不再录用了,这时也可以用这种策略。

招聘的策略

同样地,很多打分制的项目中,通常先出场是不太有利的。因为评委更希望通过前面选手的表现来制定本场的打分标准,然后用前面制定出的标准来衡量后面出场的对象。

回到本节开头的那个问题,总共有10位男嘉宾,如果通过其中的5个人来考察制定标准,那最优秀的人就有$\frac{1}{2}$的概率在这5个人中。由此可见,前期用来制定标准的对象不能太多。那么多少人最合适呢?

你意想不到的答案又出现了,是$\frac{1}{e}$。也就是说,应该把整体的$\frac{1}{e}$拿出来制定标准,在后面的对象中选择比前面好的,这样会有更大的概率选中最优秀的对象。比如说要在10个人中做选择,那就应该先把前3个人用于制定标准,然后在后面的7个人中选择超过前3个人的。

从数学上来讲有最大的概率选到最佳男嘉宾,但现实中不一定能选到。因为如果最理想的人选正好在制定标准的考察对象中,就选不到最佳的了。

相亲节目中,男嘉宾的数量是已知的,而实际生活中,我们还会遇到另一个问题——每个人都不知道一生中能碰到多少个追求者,所以很难知道$\frac{1}{e}$是多少个人。因此应该根据自己的性格和实际情况来制定寻找伴侣的策略。

数学里的自然常数 e 就这么不经意地出现在我们生活的方方面面。原本我们觉得数学是一门严谨、精确的学科,似乎与情感世界没有直接的联系,但当我们深入思考后会发现,数学在我们的情感生活中起着微妙的作用。

事实上,数学不仅有数字和公式,它还代表着一种逻辑和理性,帮助我们理解和分析复杂的情感。例如,在处理人际关系时,我们可以用数学中的比例和均衡来平衡自己的付出和收获,避免心理失衡;在面对情感挫折时,我们可以用数学理论来分析自己的得失,从而更好地调整自己的心态。数学不仅是我们生活中不可或缺的一部分,更是我们理性分析自己情感世界的重要工具。

第3章

圆周率其实很好记
——神奇的 π

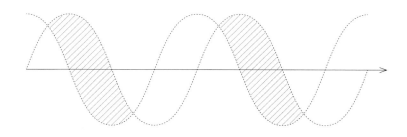

- π是如何被人类发现的?
- π是如何越来越精确的?
- π中蕴含着什么样的秘密?
- π在生活中有什么应用?

3.1

π的起源与历史

    说起圆周率(π),大家估计会条件反射地想起3.1415926…这个值。π是我们从小学就接触的无理数。我们甚至还尝试背过圆周率小数点后更多位数。记得1997年香港回归的时候,有新闻报道称,有位小朋友把圆周率背到了小数点后1997位来纪念这件事。可以说,大多数人对圆周率还是挺熟悉的。

    圆周率是圆的周长和直径的比值。我们所记得的3.1415926到3.1415927之间的这个圆周率近似值就是我国南北朝时期著名数学家祖冲之计算出来的结果,这也是我国古代重要的数学成就之一。我们为什么要研究圆周率?为什么要花这么大的精力去计算圆周率?这就要从原始社会说起了。

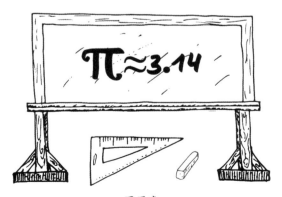

圆周率

人类在与自然斗争及不断进化的过程中,发明和使用了各种各样的工具。其中,轮子作为六大简单机械之一,无疑是非常重要的。轮子的发明让重物的远距离运输变得简单,极大地推动了人类文明的发展。

各种轮子

那么,这个看似简单的工具是如何制造出来的呢?要制造一个轮子,首先需要理解直线与圆的关系。在原始社会,人们通常使用藤蔓或细绳来围成一个圆。这个过程中,人们注意到直线段和圆周长的关系,从而发现了圆周率。有了圆周率,就可以制造轮子了。先选择一个坚固耐用的材料,如木头或石头,然后根据所需的直径和圆周率计算出轮子的周长,接着使用工具将材料打造成圆形。最后,打磨光滑,使其能够平稳地滚动。

随着时间的推移,轮子的形态和材料在不断演变,但无论如何变化,其基本原理始终不变。如今,轮子已经成了现代社会不可或缺的工具之一,无论是汽车、火车还是飞机等,几乎所有的交通工具都离不开它。

从某种意义上来说,古人对圆周率的认识程度,就是我们对当时文明程度的一个衡量标准。我国古代数学著作《周髀算经》中记载了"径一周三",即如果直径是1的话,圆周长就是3。也就是说,那时候人们就认为圆周率是3。古巴比伦的石匾上记载了计算圆柱、圆锥的相关公式,通过这些公式,我们可以推出,当时古巴比伦人了解到的圆周率大概是3.125。在古埃及的一件著名的历史文物——莱茵德纸莎草书上也记载了很多与圆面积,以及圆柱、圆锥表面积和体积等相关的计算公式。通过这些公式,我们可以推出古埃及人掌握的圆周率大概为3.16。

背景介绍

　　纸莎草纸是古埃及人广泛采用的书写载体,它用当时盛产于尼罗河三角洲的纸莎草的茎制成。莱茵德纸莎草书是以苏格兰古物收藏家亚历山大·亨利·莱茵德的名字命名的,因为它是莱茵德于1858年在埃及卢克索购得的一卷古埃及的纸莎草书。莱茵德纸莎草书上记载了古埃及诸多数学问题及解答。

莱茵德纸莎草书

古人是如何计算圆周率的呢？根据对历史的考证，很有可能是根据经验的日积月累。例如，今天按一比三的比例做了一个圆，若感觉不太圆，那下次就调整比例，看看能不能更圆一点。就这样不断地探索和试验，古人在朴素的实践中探索出了圆周率的一些近似值。那么人类又是从什么时候开始通过科学的方式来计算圆周率的呢？

3.2

π的计算方法

第一个明确提出圆周率计算方法的是古希腊著名的科学家阿基米德。提到阿基米德，大家最熟悉的就是他提出的浮力公式，即物体所受的浮力等于物体下沉静止后排开液体的重力。阿基米德还提出了著名的杠杆原理：要使杠杆平衡，作用在杠杆上的两个力矩(力与力臂的乘积)大小必须相等。阿基米德有句很著名的话——"给我一个支点，我可以撬起整个地球"，说的就是杠杆原理。阿基米德被称为百科全书式的科学家，他不光在物理学、工程学方面有很大的成就，在数学方面也很厉害，他利用科学的数学方法——穷竭法推算出了圆周率的近似值。

什么是穷竭法？阿基米德认为，做一个圆的内接正多边形和它的外切正多边形，圆被夹在两个正多边形之间，那么圆的周长应该也在这两个多边形的周长之间。若让多边形的边数逐渐增大，圆、圆的外切正多边形和圆的内接正多边形会越来越接近，圆的周长和圆的外切正多边形的周长、圆的内接正多边形的周长也会越来越接近，所以通过计算圆的外切正多边形的周长和圆的内接正多边形的周长，就可以得到圆周长的近似值，从而得到圆周率的近似值。

穷竭法体现了化曲为直的想法，同时也蕴含着朴素的微积分思想。没想到高等数学中大名鼎鼎的微积分，其核心思想居然诞生于此。

穷竭法示意图

阿基米德当年通过这种方法,不断地计算圆的外切正多边形的周长和圆的内接正多边形的周长,给出了圆周率的范围,在3.1408和3.1429之间。直到公元5世纪,这个纪录才被祖冲之打破。

我国古人并不是最早开始计算圆周率的,但通过几何方法计算圆周率最精确的成果诞生于中国。圆周率的计算成果是中国古代科技史上非常闪耀的成就。

历史上记载的我国第一位明确提出圆周率近似值的是东汉著名科学家张衡,也就是发明了浑天仪和地动仪的那位。张衡计算圆周率的著作已经失传,但通过史书我们知道,张衡通过研究球的外切立方体体积和内接立方体体积与球的体积的关系,得到圆周率的近似值为 $\sqrt{10}$,即约为3.162。之后,西汉经学家刘歆在张衡的基础上,把圆周率的近似值精确到了3.1547。

到了公元3世纪,也就是魏晋时期,一位厉害的人出现了,他就是刘徽。刘徽提出了一个更精确的计算圆周率的方法——割圆术。刘徽认为,把一个圆分成 n 个小扇形,当 n 越来越大的时候,这些小扇形就越来越接近小等腰三角形,这时圆的周长就越来越接近这些小等腰三角形的底边之和,也就是圆内接正 n 边形的周长。用当时的文字表述就是"割之弥细,所失弥少。割之又割,以至于不可割,则与圆周合体而无所失矣"。

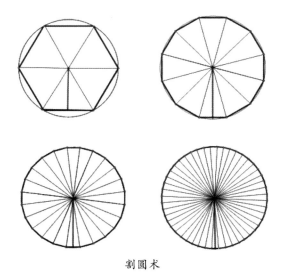

割圆术

这个想法简直和穷竭法如出一辙。照着这个思路，刘徽一直算到了圆内接正3072边形，得到圆周率是在3.1415到3.1416之间。在古代那种简陋的计算条件下，这简直是不可想象的。

然而让人们震惊的还在后面。公元5世纪，我国南北朝时期的数学家祖冲之，利用刘徽的割圆术，将圆周率的值计算到了3.1415926和3.1415927之间。大家可以想象一下，这要把圆割成什么样才行？同时祖冲之还给出了圆周率近似值的两个简单的分数表示 $\frac{22}{7}$ 和 $\frac{355}{113}$，也就是"约率"和"密率"。在西方，直到1579年，法国数学家韦达（就是提出韦达定理的那个人）根据古典方法将圆周率精确到小数点后9位的近似值。由此可以看出"割圆术"的伟大之处，伟大的方法加上伟大的人物，就诞生了中国古代科技史上辉煌的成就。

直到1610年，德国数学家柯伦用圆内接正 2^{62} 边形将圆周率算到了小数点后35位，后来又被人改进到小数点后39位，这也是割圆术计算圆周率相对较好的结果。再往后,割圆术这种包含朴素极限思想的直观几何方法的作用越来越小,我们想获取更精确的圆周率近似值,可能要换一种方法。

现在计算圆周率一般利用分析方法,也就是利用与 π 有关的无穷级数与无穷乘积来计算圆周率(当然还要利用大型计算机)。常见的计算 π 的公式如下。

$$\pi = 4 \sum_{n=0}^{\infty} \frac{(-1)^n}{2n+1}$$

$$\pi = 2 \prod_{n=1}^{\infty} \frac{4n^2}{4n^2-1}$$

$$\pi = 2 \sum_{n=0}^{\infty} \frac{n!}{(2n+1)!!}$$

$$\pi = \left(\frac{1}{16} \sum_{n=0}^{\infty} \binom{2n}{n}^3 \frac{42n+5}{2^{12n}} \right)^{-1}$$

$$\pi = \sum_{n=0}^{\infty} \frac{1}{16^n} \left(\frac{4}{8n+1} - \frac{2}{8n+4} - \frac{1}{8n+5} - \frac{1}{8n+6} \right)$$

当然还有被调侃为"最丑"的公式:

$$\frac{1}{\pi} = \frac{2\sqrt{2}}{9801} \sum_{k=0}^{\infty} \frac{(4k)!(1103 + 26390k)}{(k!)^4 396^{4k}}$$

上面这个"最丑"的公式是印度天才数学家斯里尼瓦瑟·拉马努金提出的。他出生于一个并不富裕的家庭,从小就展现出了对数学的浓厚兴趣。尽管家庭环境艰苦,但拉马努金从未放弃对数学的追求,他用自己的努力和智慧创造了许多令人惊叹的数学公式。他的笔记本上密密麻麻地写满了各种数学公式,然而令人遗憾的是,这些公式并没有附带证明和推导过程,因此很长一段时间内并未得到学术界的认可。这使得拉马努金在追求数学真理的道路上倍感孤独和无助。

然而,命运似乎很眷顾这位天才。1913 年的一天,拉马努金给当时著名的数学家哈代写了一封信。在信的开头,拉马努金提到自己是自学成才,他写道:"我是一名职员……我并未受过大学教育……但我正在为自己开辟一条新道路……"在这封信的结尾,拉巴努金写了3个非凡的公式。哈代被这3个公式震惊到了,并回信说:"这些公式完全征服了我。我之前从未见过类似的东西……能写下它们的人一定是顶尖的数学家。这些公式肯定是对的,因为没有人会拥有发明它们的想象力。"

哈代还说,拉马努金一定是最优秀的数学家,一个拥有非凡创造力和力量的人。随后哈代与拉马努金通信,请他来英国学习。哈代深信拉马努金的数学天赋,并极力推荐他进入剑桥大学深造。在剑桥大学时,拉马努金的数学天赋得到了更好的发挥和提升,他的导师哈代对他赞赏有加,甚至感慨道:"我们是在学习数学,拉马努金却是在发现并创造数学。"这句话足以说明拉马努金在数学领域的独树一帜。正是拉马努金的努力和才智,才使我们现在能够利用他的神奇公式将圆周率计算到小数点后成千上万位。这一成就不仅证明了拉马努金的数学才华,也体现了哈代的慧眼识人。

拉马努金　　　　　　　　哈代

拉马努金的故事也告诉我们,即使面临困境和挫折,只要我们坚持不懈地追求自己的梦想,终有一天会得到认可和赞誉。拉马努金的传奇人生激励着我们去探索未知的领域,勇攀科学高峰。

3.3

π中是否包含了宇宙的秘密

随着圆周率的值越来越精确，记忆圆周率近似值的难度也越来越大。100 多年前，我们也就知道圆周率小数点后 500 位左右的近似值，全记下来可能并不难。而如今圆周率已经被计算到小数点后一百多万亿位了，这可让人怎么记啊？教你一个方法：以后有人问你能说出几位圆周率近似值，你可以告诉他，多少位都可以，只不过不一定从头开始。

有人随便说一串数，如 2798042，你可以告诉他，这串数会出现在圆周率小数点后第 10303208 位，它附近的数字是：

74184748934831240124 **2798042** 98766829996499434738

你看，是不是连小数点后一千多万位都记下来了？我们再来试一下，比如我的生日是 1985 年 12 月 21 日，那就以 19851221 这串数为例，这串数会出现在圆周率小数点后第 79426473 位，它附近的数字是：

75662183004803266705 **19851221** 66789519499622682798

> **Results**
> The string **19851221** occurs at position 79,426,473 counting from the first digit after the decimal point. The 3. is not counted.
> Find Next
> The string and surrounding digits
> 75662183004803266705 **19851221** 66789519499622682798

19851221 这串数在 π 中出现的位置

神奇吗？这不是在骗人吧？我们可以通过专门的程序来验证。在程序中输入你想到的一串数,它就会告诉你这串数会出现在圆周率小数点后多少位。理论上来说,无论你输入多长的数字,都会给你答案。但实际上,由于我们对圆周率精确值的掌握有限,以及存储空间的限制,10位以下的数大多数会有答案。

这是为什么呢?因为 π 很可能是一个合取数。合取数是指包含所有数字组合的数,就像我们常说的能在某个无理数里找到任何人的电话号码、身份证号等。一个典型的合取数是这样的:0.123456789101112⋯所有正整数一个个排列下去,自然所有数字串都能找到。

另外,π 可能是一个正规数。正规数是数字显示出随机分布,且每个数字出现机会均等的实数。也就是说,对于小数点后 n 位,当 n 足够大时,0~9出现的频率趋于相等,即这10个数字出现的次数差不多。

这就是为什么有人说 π 中包含了宇宙的秘密。然而从数学上来说,直到现在,也没有证明 π 是合取数或正规数。有人可能会说 π 是一个无理数,也就是无限不循环小数,它为什么不是合取数呢?我们来看这样一个数:0.101001000100001⋯,这显然是一个无限不循环小数,但它的数字只有0和1,故当然不是合取数。所以,就目前我们所知道的,π 很像是一个合取数或正规数,我们只能说它似乎隐藏着宇宙中的秘密。

3.4

我们对 π 的了解

　　如今我们利用计算机可以将圆周率计算到小数点后一百多万亿位,却连 π 是不是一个合取数都不能确定。这是不是有些矛盾呢?其实不是的,π 的内涵远比我们想象的要丰富。从最早的圆周长和直径的比值,到前面我们看到的与 π 有关的各种无穷级数的公式,我们对 π 的了解一直在深入。人们之前计算圆周率近似值是怀着一个美好的愿望,希望圆周率是一个有限小数或无限循环小数。然而事与愿违,π 是一个无理数,这个结果的严格数学证明于1761年由瑞典数学家约翰·海因里希·兰贝特完成。到了1882年,德国数学家林德曼证明了 π 是一个超越数,我们才慢慢揭开了圆周率神秘的面纱。如今与 π 有关的公式数不胜数,我们对 π 有了非常深入的了解。

　　代数数与超越数:代数数是指整系数多项式的根,所有的有理数都是代数数。有些无理数也是代数数,比如 $\sqrt{2}$,它是方程 $x^2 - 2 = 0$ 的根。那些不能作为任何一个整系数多项式的根的数就是超越数,π、e 都是超越数。

　　经过计算还发现,π 的平方的值和重力加速度 g 的值十分接近。

$$g \approx 9.8067 \text{m/s}^2$$
$$\pi^2 \approx 9.8696$$

这并不是巧合,而是和长度单位的定义有关。1660年,伦敦皇家学会提出,在地球表面摆长约1米的单摆,一次摆动的时间大约是1秒。也就是说,对于长度单位米(m)的最初定义是:一次摆动时间为1s的单摆的长度。我们来看一下,单摆的周期公式:$T = 2\pi\sqrt{\dfrac{L}{g}}$。由于$T$描述的是完成一次往返摆动的时间,所以我们代入$T = 2\text{s}$,忽略单位,简单变形可以得到:$L = \dfrac{g}{\pi^2}$,由于我们定义了这时候的单摆长度$L$是1m,就可以得到,$\pi^2$和$g$的数值相等。也就是说,在最开始的时候,$\pi^2 = g$。后来,我们不断调整单位长度米(m)的定义,导致数值有了变化,但差距并不大,所以现在的π和重力加速度g的数值十分接近,但并不完全相等。

我们还会在各种各样的物理公式中遇到π。但是在实际应用中,我们并不需要这么精确的近似值。现代科技领域使用的圆周率值,基本上精确到小数点后十几位就够了。既然现实中的计算并不需要非常精确的圆周率近似值,那么我们为什么还要花费时间和精力计算呢?

$$\alpha = \frac{1}{4\pi\varepsilon_0}\frac{e^2}{\hbar c} \approx \frac{1}{137}$$

精细结构常数

$$\Delta x \Delta p \geqslant \frac{h}{4\pi}$$

海森堡不确定性原理表达式

$$f(v) = 4\pi\left(\frac{m}{2\pi kT}\right)^{\frac{3}{2}} e^{-\frac{mv^2}{2kT}} v^2$$

麦克斯韦速率分布函数

物理学中的π

3.5

π 的应用

在我们熟知的工程、建筑等领域,涉及与圆有关的计算都要用到圆周率。在生活中很多看不到圆的地方,π 也有着重要的作用。

π 在现实中的一个重要应用就是检测计算机或手机处理器的性能,尤其是运算速度和运算稳定性。计算指定位数的圆周率近似值,我们通过比较不同设备所用的时间,就可以对比出哪个设备的运算速度更快。此外,让设备按照既定程序计算圆周率,在这个过程中观测设备的正常运行时间和温度变化,就可以得到设备的稳定性情况。当年 Intel 公司推出的奔腾(Pentium)处理器,就是通过运行高精度的 π 计算程序找到它可能存在的一些问题。

我们知道,π 是一个无理数,也就是无限不循环小数,同时它很有可能是一个正规数。所以我们还可以把 π 作为一个伪随机数生成器。玩一些游戏或运行一些程序时,需要产生一些随机数。我们直接从 π 小数点后某一位开始选数就行了。也就是说,我们可以把圆周率中出现的数字当作一个随机数表。这时你可能觉得 π 是一个确定的数,这样取数没有那么随机,如果这样取数真不那么随机,就说明 π 中的数字是有一定规律的。可就我们目前的计算来看,并没有什么规律。

讲到随机数,不得不提 π 的另一种应用——信息加密。比如我想传递一个明文信息1234,今天的日期是2021年10月21日。那么我可以找

到 π 小数点后 20211021 位数,从这位数起选择连续 4 位,将构成的数与 1234 相加得到密文。对面收到密文后,根据发文日期和 π 的数值就可以进行解密。这里的 π 就相当于一个密码本,将其与公历日期搭配,就可以进行加密和解密操作。即使密文泄露,由于 π 的数字的随机性,看起来也像是利用随机数加密,反而不容易被察觉。

我们不停地去探寻更精确的圆周率近似值,实际上是为了探索新的计算方法和思路,从而引出新的概念和思想。虽然计算机的性能越来越好,计算速度也越来越快,但仍然需要数学家编写程序指导计算机计算。从历史上来看,圆周率的计算分为几何阶段、分析阶段和电子计算机阶段。前两个阶段主要体现了计算方法的改进,从几何方法到分析方法。而第三个阶段的本质主要是计算工具的飞跃。如果我们想再进一步,就需要研究更好的计算公式,改进计算技术,当然在这个过程中一定会产生很多像拉马努金、林德曼那样的数学家。这就说明 π 的计算过程不仅是设备的升级,还是人类智慧的升华。

第4章

保险、期货与量化投资
——数学在金融中的
应用

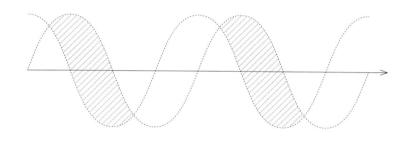

- 什么是金融?
- 保险是如何诞生的?
- 如何理性看待保险产品?
- 期货有什么用?
- 什么是量化投资?

4.1

什么是金融

在我上学的时候，因为学的是数学专业，所以经常有人会问我学数学的人以后能干什么。在大家的印象中，数学专业的学生毕业后，好像除了搞研究和当老师，就没有别的好去处了。但近些年来大家慢慢地发现，学好了数学，转行做别的也不错，尤其是从事与计算机或金融相关的工作。说到金融行业，去银行存钱、买理财产品、投资基金股票等都与金融有关。但什么是金融，大家可能很难说清楚。

金融从字面意思上来讲是指资金的融通，就是通过资源流通来创造价值。从本质上来说，金融是在时间和空间上对资源进行匹配，从而实现价值的交换。从数学的角度来讲，金融要解决的本质问题是定价问题：今天的1元放到明天能值多少钱？这里的1元放到那里又值多少钱？有些人可能会问：为什么同样的1元，在不同情况下的价值不一样？这是因为在不同情况下，人对同样的需求愿意付出的代价是不一样的；在不同的时间段，同样的东西对人的价值也不同。比如平时在街边买一瓶矿泉水要花2元，而在高铁上买一瓶矿泉水可能要花5元甚至10元。再比如，新款的时装在刚上市时，价钱总是很高，等快过季了，就免不了打折出售的命运。那么问题来了，同一种资源在不同时间、不同空间的价格差异究竟应该如何衡量？这就是金融要解决的问题。

金融核心的内涵是风险和信用。

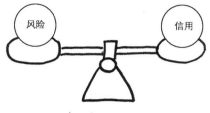

风险　　　信用

金融核心的内涵

一方面，在资源流通的过程中会产生价格差异，这既可能产生利益，又有亏损的风险。利益和风险的价值应该相互匹配，要为风险定价。

比如一家公司要上市并公开发行股票，不可能仅按照公司的净资产确定股票的价值。通常更多的是按照公司以后的预期来为之定价，所以股票价格实际上也反映了公司经营的风险价值。

另一方面，在资源交换过程中，因为时间、空间的不同，我们很难做到一手交钱一手交货，同时这样也并不一定是最有效的做法。如果交货和付款并不同时，中间的利益如何保障？这就是信用的问题，信用应该和所担保的利益相匹配。这就要为信用定价。很多人都有信用卡，大家不需要提前往里存钱就可以刷卡消费，之后到期还款就可以了。信用卡的额度可以看成银行对个人信用的定价。所以，金融的本质可以看成在资源流通过程中对风险和信用进行定价。在这个过程中，定价模型做得越好、越准确，就能在市场中获得更多的收益。这就是数学在金融中这么重要的原因。

接下来给大家介绍一下金融中几个重要的板块——保险、期货和量化投资。

4.2

保险的历史与数学内核

　　保险在我国的口碑不太好,很多人认为保险是骗人的。当然这种看法是不正确的。产生这种现象的主要原因:一方面,我国很多保险销售人员专业程度不够,在推销时容易夸大保险产品的功能,并且主要采取拉熟人的营销方法,让客户对保险产品产生了错误的认知;另一方面,部分保险公司存在欺骗、误导消费者的行为,而且在理赔过程中存在故意拖延、无理拒赔等现象。

　　保险的雏形大约产生于公元前2500年的古巴比伦,那时候国王让当地的一些头领或有一定威望的人向他们所管理的人群收取一定的物资,用来帮助那些由于残疾等各种因素导致生活困难的人。所以保险的初衷就像《爱的奉献》歌词里的"只要人人都献出一点爱,世界将变成美好的人间"。每个人付出一点,帮助遇到困难的人。这听起来很不错,后来怎么就变了呢?

　　历史上保险起源于古希腊。希腊位于地中海沿岸,那里很多商人会乘船出海做生意。海上的风险比陆地上大得多。当你乘着满载货物的船想去其他地方做生意的时候,遇到了大风浪,为了保证整艘船的安全,就需要把船上的一些货物扔下去。那么有些货物的主人就会受到一定的损失。由于一艘船上装的货物往往不是一个人的,当把其中一个人的货物扔下海来保证整艘船的安全时,其他货物的所有人应该向货物被扔的所有人支付一定的补偿。这就是早期的一种保险的形式,即海上保险。大家共同雇一艘船运送货物出海,遇到危险时,需要扔点儿货物来保证大家的安全,由此遭受的损失由大家一起承担。海上保险是早期的财产保险。

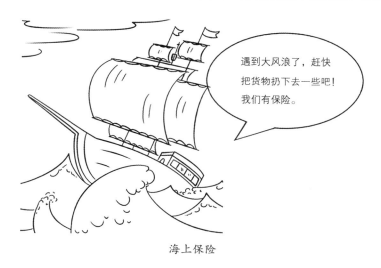

海上保险

　　世界上公认的具有现代意义的保险单诞生于1384年的意大利比萨,它承保一批从法国南部阿尔兹运送到意大利比萨的货物。这张保单中有明确的保险标的、明确的保险责任,比如"海难事故,其中包括船舶破损、搁浅、火灾或沉没造成的损失和伤害事故",在其他责任方面,也列明了"海盗、抛弃、捕捉、报复、突袭"等所带来的船舶及货物的损失。

　　到了15世纪,欧洲殖民者从非洲贩卖奴隶到美洲去开拓新大陆。从非洲到美洲,需要横跨大西洋,再加上奴隶们生活的条件非常差,很容易生病或死亡。这些奴隶贩子为了保证自己"商品"(把奴隶看成自己的商品)的安全,就出钱给奴隶买了保险。如果奴隶生病或死亡,就能得到赔偿。虽然奴隶贩子把奴隶当商品来投保,但从本质上来说也是第一次把人身作为保险的标的对象,这就是人身保险的起源。

我国明清时期的镖局其实做的也是类似保险的业务。商人给钱投保，镖局负责承担其中可能的货物损失风险。镖局是我国保险行业的雏形。

18世纪末，英国的一家保险公司推出了一种特殊的保险。保险正常是弥补损失的，而这种保险不仅能赔偿损失，在没有损失的时候还能提供分红。这就是世界上第一款寿险分红险。从此以后，保险从单一的保障性投资变成了兼保障和理财双重功能的金融产品。

17—18世纪，随着工业机械化的生产，越来越多的工人进入工厂工作。刚开始的时候，由于这些工厂的劳动条件不是很好，工人在工作过程中很容易受伤。很多工人开始自发地成立组织，然后每人出一些钱，如果这个组织里谁受伤了，就会用共同出的钱去看病，这就是早期的医疗保险。

医疗保险

到了19世纪，随着工业化进程的加速和社会化大生产的广泛开展，资本家逐渐认识到工人健康对生产效率和企业营收的重要性。这既是资本家认识的转变，也是工人阶级斗争和社会舆论压力共同作用的结果。后来，逐渐诞生了以国家为主导的医疗保险形式。

随着科技的进步及医疗水平的提升，人们的平均寿命越来越长。这时，如果一个人从工厂退休后，他接下来的生活怎么办？要是不管他，社会不安定的隐患可能就诞生了,因此国家支持的社会化的养老保险应运而生。这也是我们现在交的"五险一金"中养老保险的一个雏形。

这种社会养老保险最早诞生于德国,这与俾斯麦统一德意志联邦后的政治改革相关。当时他认为国家提供养老保险对国家来说也是一件很好的事,它可以给人们一个更好的保障,使社会更稳定,而且国家整体的凝聚力也会更强。

直到19世纪60年代,随着科学技术的不断提升,有了很多新的医疗方法。这使一些原来认为根本治不了的疾病慢慢变得可治愈了,但治疗的成本非常高。很多人虽然把病治好了,但身无分文,生活也没有了保障。如果人的生活没有保障,治好了病又有什么用?从国家角度就成了社会的不稳定因素。因此产生了重大疾病保险,也就是重疾险。重大疾病保险在诞生之初,包含的重疾种类不多,但现在覆盖的范围大了很多。

前面讲的这些就是保险行业的历史和发展过程。对于保险来说,最重要的是把个体遇到的小概率大风险转化成整体承担。很多的风险对个体来说发生的概率并不大,但对人类社会整体而言,风险并不低。因此,为了人类社会的凝聚力更强、发展更好,保险自然就诞生了。

保险最主要的作用是为人类社会整体所面对的必然风险做一个提前的准备。有句话说:人类需要保险,不是因为死亡,而是为了活下去。即使被保险的人身故了,他的家人也可以获得一些死亡补偿金,这使他的家人能更好地生活下去。保险本身就是一种对灾难提前的抵御,对风险的应对。而有了分红险之后,保险有了理财的功能,可以使资产保值、增值。

那么保险跟数学有什么关系?其实保险的本质就是给风险定价。为了应对一个风险,每个人应该付出多少钱?如果出险,又应该赔付多少钱?这就是保险公司里的核心职业——精算师要解决的问题。

精算师是运用精算方法和技术解决经济问题的专业人士,是评估经济活动未来财务风险的专家。精算师的传统工作领域为保险业,负责设计保险产品的责任,然后基于产品的责任计算出保险产品的价格。随着精算技术的发展和应用,精算工作逐步扩展到社会的方方面面。而随着世界各国保险业、社会福利业及咨询业的迅速发展,精算师在世界各国已成为一种热门职业。

精算师在给风险定价时,依据的基本数学规律有两个。

一个是小概率事件在足够大的样本量下,足够长的时间内必然发生。这句话说的是,只要一件事发生的概率不为零,它基本一定会发生。

各种罕见病的发病率都在万分之一以下,但乘以我国的总人口约14亿,就可能有几万甚至十几万的患者。这就是小概率事件在足够大的样本量下必然发生的一种表现。另外,再完美的体系也不可能一劳永逸地解决风险。小时候,我经历过1998年长江特大洪水。三峡工程建成之后,很少再看到长江流域比较严重的洪涝灾害。但是只要时间足够长,可能依然会发生难以抵御的灾害,这就是小概率事件在足够长的时间内一定会发生的一种表现。所以在设计保险的时候,不能忽略这种小概率事件,要有相应的保险去应对这些小概率风险。

另一个是指数的爆炸式增长,即复利的威力。前面给大家介绍过复利。数学上复利的本息和计算公式为:$S = a(1 + x)^n$,其中S为本息和,a为本金,x为年利率,n为存款年限。在我们的印象中,可能只是复利增长得很快,但我们并没有真正理解复利的增长有多么惊人。

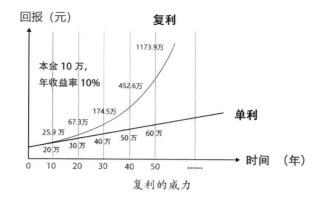

复利的威力

接下来讲两个故事,让大家感受一下复利的威力。

第一个是拿破仑的故事。相传1797年拿破仑与新婚妻子约瑟芬参观了卢森堡大公国第一国立小学。在那里,他们受到全校师生的热情款待,拿破仑夫妇很过意不去。在辞别的时候,拿破仑送给校长一束价值3个金路易的玫瑰花并说:"为了答谢贵校对我,尤其是对我夫人约瑟芬的盛情款待,我不仅今天呈上一束玫瑰花,而且在未来的日子里,只要我们法兰西国家存在一天,每年的今天我将亲自派人送给贵校一束价值相等的玫瑰花,作为法兰西与卢森堡友谊的象征。"

时过境迁,疲于战争和政治事件,且最终惨败被流放的拿破仑,把在卢森堡的许诺忘得一干二净。卢森堡却把这段欧洲巨人与卢森堡孩子亲切和睦相处的一刻载入史册。1984年,这件相隔百年的轶事却给法国惹出了大麻烦。

卢森堡政府通知法国政府,提出了"玫瑰花悬案"之索赔。要求要么从1797年起,用3个金路易作为一束花的本金,以0.5%复利计息结算,全数清偿这笔玫瑰花外债;要么法国各大报登报承认拿破仑是言而无信的小人。起初,法国政府站在诚信一边,但是看着计算出的数据时,不禁叫苦不迭。原本3个金路易的"玫瑰花债务"核算的本息和竟高达1375500

多法郎。经过一番苦思冥想,法国政府用如下的措辞获得了卢森堡人民的谅解:今后,无论在精神上还是在物质上,法国将始终不渝地对卢森堡大公国的中小学教育事业予以支持和赞助,以兑现我们的拿破仑将军那一言千金的"玫瑰花"承诺。

拿破仑与玫瑰花的故事

第二个故事是美国政治家本杰明·富兰克林留下的一份遗嘱:"将1000英镑赠给波士顿的居民……把这些钱按5%的利率生息,100年后就会增长到约13.1万英镑……那时用10万英镑来建一所公共建筑物,剩下的3.1万英镑拿去继续生息……"听起来富兰克林的遗嘱好像在说大话,1000英镑的遗产安排出了约13.1万英镑的用处。但用简单的数学计算可以知道,其实富兰克林说的还是挺靠谱的。$(1 + 5\%)^{100} \approx 131.5$,也就是说,按5%的利率存100年,本息和就会变成原来的131倍,这简直就跟做梦一样。

富兰克林遗嘱的测算结果

时间	本金	利率	本息和	花费	剩余
初始	1000英镑	5%	—	—	—
100年后	—	—	131501.3英镑	100000英镑	31501.3英镑

　　我第一次听到这个故事的时候也感觉很不可思议。那时候我有一个存钱罐，里面有几十元。当时我想，要不我也写个遗嘱，将这点钱存 100年留给我爸妈。后来长大了才明白，100 年后都不一定有我了，只能留给儿孙辈了。

　　在保险设计里，也可以利用复利设计出一些看起来收益很高的理财产品引人购买。接下来我们用一个具体的保险案例来告诉大家如何正确衡量保险的价值。

4.3

通过一个案例分析保险的价值

　　为了避免法律纠纷，这里给大家展示一个我设计的保险案例。我们一起来看看这个保险是否收益很高。仅供大家参考，请勿对号入座。我们以寿险分红险为例。

　　某保险产品：开始3年每年交保费10万元，从第五年起，每年可以领分红收益1万元，第三十年可领50万元，此时合同结束。若保单生效期间，被保险人身故，付赔偿金60万元。

　　我们来看看这样的保险产品怎么样？30万元本金，如果被保险人没有身故，30年后可拿到75万元。其中，从第五年到第二十九年每年1万元的分红收益共25万元，第三十年50万元。看起来的年收益率有 $(75 \div 30 - 1) \div 30 = 5\%$，是吧？但事实上，这款产品的收益率比看起来的要低得多。计算年化收益应该考虑复利，而不是单利。所以真正的收益率应该是 $\sqrt[30]{75 \div 30} - 1 \approx 3.1\%$，也就是3.1%的年收益率。如果你有30万元不去买这个保险，而去买定期存款，并且按照3.5%的定期存款利率，在银行存30年，到期的本息和有 $30 \times (1 + 3.5\%)^{30} \approx 84.2$（万元）。这是不是比刚才的保险高多了。

　　但是如果换个角度来看，可能收益会更低。我们投资是为了抵御通货膨胀，通货膨胀的程度一般用居民消费价格指数（CPI）来衡量。如果某年的CPI为5%，就意味着我们原来用100元能买到的东西，现在要用105

元才能买到了。也就是说,钱贬值到了原来的 $100 ÷ 105 ≈ 95.24\%$。如果我们从 CPI 的角度来看,按每年 2% 的增长率,30 年后的 75 万元只相当于如今的 $75 ÷ (1 + 2\%)^{30} ≈ 41.4(万元)$。也就是说,30 年的收益只有不到 12 万元。

 **背景介绍**

> 居民消费价格指数(CPI)是度量一组代表性消费商品及服务项目的价格水平随时间而变动的相对数,是用来反映居民家庭所购买消费商品及服务的价格水平的变动情况。CPI 统计调查的是社会产品和服务项目的最终价格,不仅同人们的生活密切相关,而且在整个国民经济价格体系中也具有重要的地位。它是进行经济分析和决策、价格总水平监测和调控及国民经济核算的重要指标。其变动率在一定程度上反映了通货膨胀或紧缩的程度。

既然实际的收益率这么低,我们就不应该买保险了吗? 不,重要的是我们要厘清保险的作用。保险最基本的作用是抵御风险,提供保障。从个人的角度来说,保险的本质就是风险转移。通过购买保险,个人或企业可以将可能面临的风险转移给保险公司,从而避免因风险发生而导致的重大损失。如果花钱买了保险,结果没出险,你是否觉得钱白花了,这笔投资失败了呢? 如果你这么想,则说明你对保险缺乏正确的认识。保险最重要的是在出险时为你提供保障,没出险当然是好事。我们购买保险不应该把收益放到第一位,而应该看看保险产品是否能帮助我们抵御风险,其次才是收益。

随着大家对保险意识的提高,医疗险、财产险等大家能够意识到要付费。而像人寿险这种产品,如果只是等着出险,受益者又不是本人,不附加上理财功能,就很难销售了。所以我们平时见到的人寿险大多是人寿分红险。

从社会角度来说,保险是金融行业的重要组成部分,通过保险可以吸收社会闲散资金,为投资者提供更多的投资选择,促进金融市场的发展。

说了这么多,核心是希望大家能够了解保险的本质,摒弃对保险的偏见,合理选择保险产品,让自己的生活更美好。

4.4

期货是如何诞生的

接下来我们聊一聊金融的另一个部分——期货。期货对应着两个概念：现货和远期交易。

现货是指能直接交易的商品，比如你去超市花两元买了一瓶矿泉水，这瓶矿泉水就是现货。

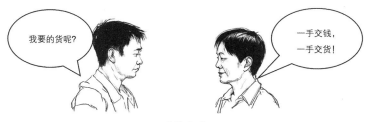

现货交易

远期交易是指买卖双方约定在未来某个特定时间，以约定的价格交易一定数量的标的物的交易行为。比如我们约定明天我把一瓶矿泉水以两元卖给你，这就是远期交易。有的人可能要问了，我们经常进行的网购是远期交易吗？答案是否定的。网购只不过是把一手交钱一手交货的过程拆解开了，我们先付钱，过段时间才通过快递拿到货，本质上还是现货交易。

远期交易的优点是可以锁定未来交易的金额和数量，缺点是有很大的信用风险。比如我们约定明天交易一瓶矿泉水，可到了明天你不想买了，我该怎么办呢？为了规避这种风险，商业上常用的办法就是签订一个合同,约定在未来的某一天,以什么价格成交什么样的商品,如果某一方违约,就需要承担相应的责任等。这就是远期交易合约,它可以实现在时间和空间上的资源调配。

比如果农发现车厘子在市场上很好卖,就一窝蜂地种植车厘子。第二年车厘子大丰收,收购价格却不高,都砸在果农手里了,导致果农损失惨重。此外,由于运输、仓储等方面没有做好准备,能够运到市场上的车厘子的数量依然有限,价格自然也降不下来。最终的结果是,尽管车厘子大丰收,果农却没有赚到钱,消费者也没有享受到低价,而且在一定程度上造成了资源的浪费。若是签订远期交易合约,中间商就可以与果农约定明年收购的价格,这样果农就可以放心种植车厘子,不用担心卖不出去。与此同时,中间商也可以与销售者(比如超市)签订远期交易合约,约定明年以什么价格为超市提供车厘子,这样超市也可以事先做好准备,对未来的销售也有一个预期。在这个过程中,即使大家预期车厘子会涨价,约定的价格也不会太高,这样消费者也能享受优惠价格。这就是远期交易合约的作用。

远期交易的作用

那么远期交易合约就是期货吗？不，从远期交易合约到期货还差一个条件。下面还以矿泉水为例。比如我是开超市的，你我约定一周之后，你以两元的价格在我这里购买一瓶矿泉水。我们签订了一个远期交易合约，目的是避免价格波动，锁定交易价格。一周之后，市场上的矿泉水涨到了每瓶3元，但我们依然按照两元的价格完成了交易。

你拿到矿泉水之后有点舍不得喝，因为你是花两元买来的，而现在市场上能卖3元。你想：要是以2.5元的价格把这瓶矿泉水卖出去，就能赚0.5元呢。可这种想法是很难实现的。因为突然有人拿着一瓶矿泉水说要低价卖给你，你敢买吗？你很可能会怀疑：这个人是干什么的？这瓶矿泉水会不会有毒？为了赚这0.5元，你需要换一种方式。

你可以拿着远期交易合约跟别人说："我有个合约，0.5元卖给你，你拿着它去超市可以以两元的价格买一瓶矿泉水，市场上可是卖3元的。"这样看起来就高大上多了，好像在谈生意。

如果这个合约不光在我这个超市可以兑现，在其他地方也可以兑现，就可以称为标准化合约，标准化的远期交易合约就是期货。原来的合约相当于具体的货物，交易起来限制很大，而标准化合约相当于一般等价物，交易起来就非常方便。

签订期货合约不一定为了交易实物，也有可能为了赚取差价，在交易前就把合约卖掉。既然不一定需要交易实物，而且最终交易的对象也是不确定的，那签订合约的时候就没有必要全额交付货款，谁最后拿着合约去交割货物再付全款即可。当然为了保证合约的执行，在签订合约的时候还是需要缴纳一定的费用，这就是金融领域伟大的创造——保证金制度。

在签订期货合约的时候，按合约金额的一定比例缴纳保证金，如果合约的价值有波动，保证金也会随之波动。保证金制度相当于一种虚拟化的金融产品，人们不用足额支付交易实物产品的价值，相当于增强了市场的流动性。

保证金制度也引入了金融杠杆的概念。比如说，购买市场价值3000元的期货合约，需要付10%的保证金，即300元。过了一段时间，合约升值到3300元，将合约卖出，获得收益300元。合约总体价值上涨了10%，就我们投入的实际资金，也就是保证金而言，收益率是100%。这就相当于我们用300元撬动了3000元的资产，这就是所谓的金融杠杆。

金融杠杆——用较少资金撬动较多资金

总的来说，期货市场的保证金制度是一个伟大的创新，它不仅降低了交易者的资金压力，增强了市场的流动性，同时也引入了金融杠杆的概念，使得交易者可以用较少的资金撬动更多的资金。当然，杠杆可以放大收益，同样也可以放大损失，如果合约降价到2700元，即降了10%，而你的保证金300元就全部损失了，赔了100%。

杠杆在金融中起到了极大的推动作用，接下来介绍金融和数学结合的产物——量化投资。

4.5

数学催生的金融新星——量化投资

人们每天能参与的交易是受时间和空间限制的,同时一天交易次数不宜过多,否则容易判断失误。但是随着计算机和网络的发展,人们可以为交易建立数学模型,利用计算机来判断是否获利,从而决定是否交易。

如果一次交易的收益是1元,交易者是不屑于进行这样的交易的,因为这点收益还不够参与交易的成本呢。但对计算机来说就不一样了,哪怕一次只挣1元,计算机每秒就能完成一次交易,一天有86400秒,那么一天下来的收益就有86400元。即使看起来不起眼的小买卖,通过计算机程序也能实现惊人的收益。

像这种利用计算机和大量交易数据,通过客观分析和决策建立数学模型来捕捉差价,从而获得持续稳定收益的交易方法就是量化投资。只要数学模型确定之后,就不需要人的参与,能够避免人的失误对投资收益的影响。

量化投资的经典案例之一就是文艺复兴科技公司旗下的大奖章基金。据悉,从1989年至2018年,大奖章基金平均年化收益率高达39%(费前66%)。文艺复兴科技公司是当时一家特立独行的投资公司,大奖章基金运用先进的数学模型、机器学习和高频交易技术等,在金融市场中寻找并利用价格低效策略,实现了超越传统投资模式的非凡业绩。

背景介绍

说到文艺复兴科技公司，就不得不提到它的创立者詹姆斯·西蒙斯。西蒙斯23岁就获得了美国加州大学伯克利分校的数学博士。他毕业之后去了哈佛大学当讲师教授数学。后来他去了纽约州立大学石溪分校担任数学系主任。在那里，他认识了我的老师——国际数学大师陈省身先生，同时也认识了陈先生的学生，即时任石溪大学物理系主任的杨振宁先生。西蒙斯和陈先生及杨先生的关系非常好，他还和陈先生一起做出了几何学上的一个结论，被称为陈-西蒙斯理论。西蒙斯于38岁那年获得了美国的维布伦几何奖，他数学事业的成就在此达到了顶峰。

此后西蒙斯想在别的领域发展。据说，他曾经询问陈省身先生，说："我有两个想法，一个想法是去华尔街，另一个想法是参选议员，您觉得我应该选哪个？"

谁的投资收益比得上我？我就是量化投资第一人！

詹姆斯·西蒙斯

陈先生跟他说："你既然觉得数学研究做不下去了，那就去华尔街挣钱，你的性格不适合从政。"最终西蒙斯去华尔街开设了文艺复兴科技公司，从事金融投资工作。直到他2009年宣布退休，文艺复兴科技公司创造的纪录无人打破。也正是因为西蒙斯的工作，量化投资被更多的人了解和接受。

后来西蒙斯还在杨振宁先生的建议下给清华大学捐了一栋专

家公寓,被命名为"陈赛蒙斯楼"。这个名字是为了纪念陈省身先生及出资者西蒙斯。这也是西蒙斯对我国教育事业作出的贡献。

在如今金融市场的浪潮中,量化投资逐渐崭露头角,成为一种备受瞩目的投资方式。它充分利用了数学的威力,通过精确的数据分析和模型构建,实现了对投资决策的精确把控。那么,量化投资的原理究竟是什么呢?

首先我们要明白,量化投资的核心在于利用海量的历史数据,挖掘股价变动的规律,通过分析这些规律,预测未来的股价走势,从而制定相应的投资策略,例如,我们统计某只股票的长期历史数据后发现,当股价在10元以下时,有80%的概率会上涨;当股价超过20元时,下跌的可能性高达90%。基于这样的规律,就可以制定一个简单的量化投资策略:在股价10元以下时买入,20元以上前卖出。然而,单一的策略可能存在风险,而且准确率也可能不稳定。为了提高投资的稳健性,我们需要构建更复杂的模型,这个过程涉及大量的数据处理、统计分析及算法设计等。通过多条件的组合,可以形成一个综合性的交易模型。这个模型不仅考虑了价格因素,还包括公司的财务数据、市场情绪等多个维度。当模型构建完成后,需要进行历史数据的回溯来验证其有效性。如果模型表现良好,便可以小规模地将其应用到实际市场中。在这个过程中,计算机程序将发挥关键作用。它们可以根据模型设定的规则,自动进行高杠杆、高频次的交易。这种自动化交易方式能够大大提高投资效率,降低人为因素对投资决策的影响。

量化投资

现在,尽管量化投资在我国还处于起步阶段,但其发展前景十分广阔。随着金融市场的不断开放和技术的进步,量化投资有望成为未来的主流投资方式。因此,对于那些想要在金融领域有所作为的人来说,掌握足够的数学知识是十分有必要的。

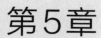

第5章

宇宙究竟什么样 ——欧氏几何与非欧 几何的"相爱相杀"

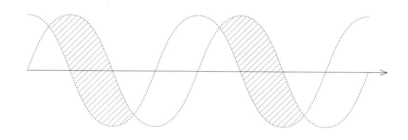

- 三角形内角和真的是180度吗?
- 我们学的几何难道错了吗?
- 什么是非欧几何?
- 宇宙到底长什么样?

5.1

从三角形内角和为180度说起

三角形的内角和是多少？我们从初中起就知道这个问题的答案，是180度，并且这也许是我们第一个会证明的几何定理。既然叫定理，就说明一个三角形无论什么样，无论放在哪里，它的3个内角之和都是180度。但真的无论哪里都是这样的吗？

假设从地球的北极点引出两条经线，分别是0度经线和东经90度经线，这两条经线和赤道交于两点。北极点和这两个交点两两连线就构成了地球表面上的一个三角形。

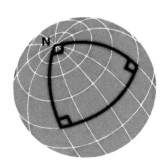

内角和为270度的三角形

我们来看一下这个三角形，0度经线和东经90度经线在北极点的夹角是90度，而所有的经线都和赤道垂直，所以这两条经线和赤道所成的角也都是90度。那么这个三角形的内角和不就是270度了吗？有的朋友可能要说，你画的这个三角形的边都是曲线，跟一般的三角形不一样。但大家可以想一想,如果在地球上沿着这些经线和赤道运动,你会觉得自己是沿着曲线运动的吗?不,你一定会觉得自己是沿着直线运动的。经线和赤道都是地球表面的直线(之后我们会给大家精确解释这一点)。所以这的确是一个3条边都是直线段的三角形,而这个三角形的内角和却是270度。

这跟我们原有的几何模型是不一样的。难道几何的各种公理、定理还能不一样吗?接下来就给大家讲一讲几何学的发展。

5.2

《几何原本》与欧氏几何

什么是几何？

通俗地讲，几何就是研究图形性质的学科。而从数学的角度来说，几何是研究形状、大小、空间及图形等在各种变换下不变性的学科。比如我们提到的三角形内角和为180度，说的就是三角形在平移、旋转、伸缩变换下，内角和都保持不变的性质。

几何学的起源与土地测量有着紧密的联系。据说在古埃及，由于尼罗河经常泛滥，导致土地的形状每年都会有所不同，因此人们开始使用几何学的相关知识来重新规划土地的界限。随着时间的推移，几何学经历了毕达哥拉斯学派的积淀，由古希腊数学家、"几何学之父"欧几里得完成了几何学的开山之作——《几何原本》。

背景介绍

毕达哥拉斯学派：由古希腊思想家、哲学家、数学家毕达哥拉斯及其信徒组成的学派。他们认为宇宙可以用一个主要原理加以说明，那就是数。毕达哥拉斯学派提出以数学证明的形式得出理性论据和判断，并认为实在是通过所有的感性现象之上的数学形式得到的，可以用数学语言来考量，即可以测量并且用数量和数学公式来表达。他们信奉万物皆数的哲学。同时他们发现了"勾股定理",又称"毕达哥拉斯定理"。

毕达哥拉斯

《几何原本》系统地总结了前人在实践和思考中获得的几何知识,用公理化的方法建立起演绎的数学体系,这标志着几何知识从零散和经验形态转变为完整的逻辑体系。

这本书有多么厉害?这么说吧,咱们在初中学的平面几何及在高中学的立体几何等,从内容到结构,本质上和几何原本是一样的,只是经过了后人的整理,修改了内容的顺序,把内容用更现代的语言表达出来。这说明,在几何上,我们和古人的思维是相通的。

这就是公理化和演绎法的威力。公理化方法是指,我们从大家公认正确的结论,也就是公理出发,经过逻辑推理,得到其他所有结论的方法。公理化要满足3个条件。第一个是相容性,即公理之间不能相互矛盾;第二个是独立性,即每条公理之间需要相互独立,每条公理不能被其他公理推出,这点主要是为了公理体系的简洁;第三个是完备性,即在这个公理体系下,所有的命题都可以判断真假。满足以上3个条件的可以说是数学上一个完美的公理化体系。

从《几何原本》中，人们真正认识到了数学的精髓，即这种形式化的公理体系。数学的正确与否不是建立在公理本身是否正确的基础上，而是在于从公理到定理，再到各种命题的证明过程是否正确。而演绎法也就是演绎推理保证了这一点。所以后来慢慢把数学从自然科学中剥离出来，单分一类。

《几何原本》中提到了 5 个公设。

公设一：由任意一点到另外任意一点可以作一条直线。

公设二：有限长直线可以在直线上持续延长。

以上两个公设也就是我们所知的"两点确定一条直线"。

公设三：以任意定点为圆心，以任意长为半径，可以作圆。

公设四：所有直角彼此相等。

公设五：若一条直线与另外两条直线相交，且在同一侧所成两个内角之和小于两个直角，则这另外两条直线无限延长后在这一侧必相交。

第五公设等价于我们所知的平行公理——平面上，经过直线外一点，有且只有一条直线与这条直线平行；或等价于另外一种表述——平行于同一直线的两条直线互相平行。虽然这个公设不像其他公设那样看起来比较显而易见，但几千年来，大家用起来也没有出现什么问题。例如，三角形内角和为 180 度就是用平行公理证明出来的。

通常把欧几里得在《几何原本》中建立起来的几何体系称为欧氏几何。

但是从本章第一节的例子中我们可以看到，欧氏几何并非永远正确，在地球表面就找到了一个内角和不是 180 度的三角形。问题出在哪里呢？其实就在第五公设上，历史上很多数学家都对第五公设思考和质疑过，毕竟它没有那么直观。最终在这些思考和质疑中，一种"另类"的几何学——非欧几何诞生了！

5.3

非欧几何的诞生

　　长期以来,数学家们觉得《几何原本》的第五公设和前四个公设比起来,叙述文字显得冗长,而且也不那么显而易见。有些数学家还注意到,欧几里得在《几何原本》中一直到第二十九个命题的证明才用到第五公设,而且以后再也没有使用过。也就是说,在《几何原本》中可以不依靠第五公设而推出前二十八个命题。因此,一些数学家提出,第五公设能不能不作为公设,而作为定理? 能不能依靠前四个公设来证明第五公设?

　　由于第五公设一直没有被证明,人们开始怀疑探寻的方向是否正确。19世纪20年代,俄国喀山大学教授罗巴切夫斯基提出了一个和欧氏几何中平行公理相矛盾的假设,即"过直线外一点,至少可以作两条直线和已知直线不相交",然后与欧氏几何的前四个公设结合成一个新的系统,展开一系列新的推理。他认为以这个系统为基础,如果推理中出现矛盾,就等于证明了第五公设。这其实就是数学中的反证法。但是,他在极为细致深入的推理过程中,得出了一个又一个在直觉上匪夷所思,但在逻辑上毫无矛盾的命题。

　　最后,罗巴切夫斯基得出两个重要的结论:第一,第五公设不能被证明。第二,在新的系统中展开的一连串推理,得到了一系列在逻辑上没有矛盾的新的定理,并形成了新的理论体系。这个理论体系像欧氏几何学的理论体系一样是完备的、严密的。这种几何学被称为罗巴切夫斯基几

何学,简称罗氏几何学。

罗巴切夫斯基是非欧几何的早期发现者之一。他于1807年入喀山大学学习,1811年获硕士学位并留校工作,1822年任该校教授,后来还曾任喀山大学校长。然而罗巴切夫斯基也是一个很悲情的数学家,被称为"数学界的哥白尼"。

罗巴切夫斯基(左)和黎曼(右)

我们知道,哥白尼提出了"日心说",但迫于教会的压力,一直未发表,直到临近古稀之年才将他的著作《天体运行论》付印。而罗巴切夫斯基研究的非欧几何也一直不被人们认可,甚至在他提出罗氏几何后遭受人们的嘲讽和打压。

直到罗巴切夫斯基死后,罗氏几何因为高斯的高度肯定和认可,才被人们普遍理解和承认。其实,在研究第五公设中,高斯也发现了非欧几何体系,但他认为这种理论匪夷所思,担心被别人误认为是"异端邪说",才未发表这一结论。

高斯很后悔在罗巴切夫斯基生前没能公开支持他,因此在罗巴切夫斯基死后大力支持罗氏几何。罗巴切夫斯基从某种程度上来讲是幸运的。

在研究非欧几何的道路上,还有一位坚持研究的人——匈牙利数学家亚诺什·鲍耶。他也独立发现了第五公设不可证明和非欧几何体系,在研究过程中也受到了身边人的冷漠对待。他的父亲是数学家法卡斯·鲍耶,认为研究第五公设是徒劳无功的,劝他放弃研究。但亚诺什·鲍耶坚持了下来,并于1832年在他父亲的一本著作里,以附录的形式发表了他的研究成果。

我们可以看到,非欧几何的诞生之路是艰辛的。但从罗巴切夫斯基研究的非欧几何学中,可以得出一个极为重要的且具有普遍意义的结论:逻辑上互不矛盾的一组假设有可能提供一种几何学。这些新的几何学都是什么样的呢?我们通过与欧氏几何对比的形式给大家简单介绍一下罗氏几何。可以将欧氏几何看作平面上的几何,而将罗氏几何看作马鞍面上的几何。

罗氏几何

我们对比一下欧氏几何和罗氏几何中不同的几何结论,如下表所示。

欧氏几何和罗氏几何结论对比

欧氏几何	罗氏几何
同一直线的垂线和斜线相交	同一直线的垂线和斜线不一定相交
垂直于同一直线的两条直线互相平行	垂直于同一直线的两条直线,当两端延长的时候,离散到无穷
存在相似的多边形	不存在相似的多边形

欧氏几何	罗氏几何
过不在同一直线上的三点可以作且只能作一个圆	过不在同一直线上的三点,不一定能作一个圆
三角形内角和为180度	三角形内角和小于180度

除了罗氏几何,我们再给大家介绍一种非欧几何学——黎曼几何。

黎曼是德国数学家,数学界著名的"黎曼猜想"就是他提出来的。他在对第五公设的思考中,选择了另一条路。

第五公设等价于平行公理——平面内,经过直线外一点,有且只有一条直线与这条直线平行。在罗氏几何中,过直线外一点,可以作不止一条平行线,而黎曼的考虑是如果一条平行线都作不了呢? 就像我们最开始给大家举的例子,地球上的所有经线都相交,不存在平行的经线。那你可能要说了:第一,经线并不是直线,它在地球表面是弯的;第二,地球上的纬线圈互相都不相交,难道它们不平行吗?

这里我们要给大家深入介绍一下什么是直线。直线是几何学研究的基本对象,我们很难直接给它下定义,所以用直线满足的性质来描述它。这样做的好处是避免了直观感觉对我们的干扰。比如说,刚才讲到的地球表面的经线圈,你从地球外面看,好像是直线,但在地球表面沿着经线的方向运动,你就会觉得自己是在做直线运动。那么,经线到底是不是直线呢? 地球表面上什么样的线才是直线呢?

这就要用到一个重要的公理,即两点之间直线段最短。在空间中,或者在一个弯曲的表面上判断一条线是不是直的,我们只需要判断这条线是不是连接两点之间最短的线就可以了。简单地说,空间中什么是直的? 最短的就是直的。比如说,在相邻的两面墙上有 A、B 两点,我们可以画出很多条连接它们的线,哪条是直的? 实际上只要找到 A、B 两点间距离最短的连线,也就是把两面墙展成平面,连接A、B两点就可以了。这条线在空间上看起来是一条折线,但不妨碍它就是墙面上连接A、B两点的直线段。

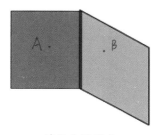

墙面上的两点

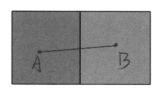

假设墙面展开后将两点连接

那么球面上的直线是什么样的呢?地球表面连接两点的曲线我们都可以看成一个圆的一段弧。因为两点间的空间距离是确定的,所以在圆里,连接这两点的弦长是确定的。根据几何知识可以知道,弦长确定时,圆的半径越大,弦所对的弧越短。所以地球表面的直线一定是大圆的弧。而大圆也就是以地球球心为圆心、地球半径为半径的圆。这样地球表面所有的经线圈都是直线,纬线圈里只有赤道是直线。由此可知,地球表面所有的直线都相交,不存在平行线。黎曼几何就是建立在欧氏几何球面上的几何学。

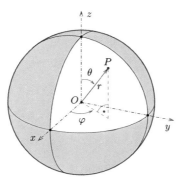

球面上的几何——黎曼几何

我们也把欧氏几何和黎曼几何的一些不同之处给大家列出来,如下表所示。

欧氏几何和黎曼几何结论对比

欧氏几何	黎曼几何
存在互相平行的直线	不存在互相平行的直线
垂直于同一直线的两条直线互相平行	垂直于同一直线的两条直线相交
存在相似但不全等的三角形	相似的三角形一定全等
直线可以无限延伸,长度是无限的	直线可以无限延伸,但长度是有限的
三角形内角和为180度	三角形内角和大于180度

我们最开始给大家举的那个内角和为270度的三角形,实际上就是黎曼几何中的三角形。

5.4 不同几何学的统一

　　欧氏几何与非欧几何这两种几何学体系在理论上有很大的差异,但它们都是基于各自公理体系推导出来的正确结论。因此,我们不能简单地说谁对谁错,而是要根据实际情况选择合适的几何学体系来解决实际问题。

　　在历史上,非欧几何的诞生曾引起了很多争议。一开始,人们很难接受这种与传统观念大相径庭的几何学。直到黎曼提出黎曼几何,并成功地将欧氏几何和非欧几何统一起来,非欧几何才逐渐被人们接受。黎曼将非欧几何和欧氏几何统一起来的关键在于,将非欧几何内嵌在欧氏几何的模型中。例如,罗氏几何实际上就是马鞍面上的几何,而黎曼几何则是球面上的几何。此后,各种非欧几何不断涌现,但都可以在欧氏几何中找到与之对应的模型。但是,这并不意味着非欧几何是正确的。这样的做法只是证明了非欧几何与欧氏几何是等价的。因为所有非欧几何都可以在欧氏几何中找到相应的模型,所以只要欧氏几何是正确的,非欧几何就是正确的,反之亦然。事实上,欧氏几何已经经过了几千年的实践检验,被证明是行之有效的工具。因此,人们逐渐接受了非欧几何的正确性。

　　如今,无论是日常生活中的建筑设计、工程绘图,还是科学研究中的宇宙探索、黑洞研究等,都需要借助欧氏几何和非欧几何的共同作用。这两种几何学体系相辅相成,为我们揭示了现实世界的奥秘。

黎曼的另外一大功劳在于提出了空间曲率的概念。不同的几何学,本质上对应着空间不同的曲率。曲率的大小描述了空间的弯曲程度。

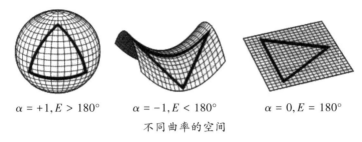

$\alpha = +1, E > 180°$ $\alpha = -1, E < 180°$ $\alpha = 0, E = 180°$

不同曲率的空间

在上图中,第一个空间是黎曼几何对应的空间,它的空间曲率是正的,这个空间内三角形内角和大于180度,它是一个向外凸的空间;第二个空间是罗氏几何对应的空间,它的空间曲率是负的,这个空间内三角形内角和小于180度,它是一个向中间凹的空间;第三个空间是我们熟悉的欧氏几何对应的空间,它的空间曲率是0,这个空间内的三角形内角和是180度,它是一个平直的空间。几千年来,我们一直认为我们所生活的宇宙空间应该是欧氏空间,直到相对论的提出,这个看法才慢慢改变。

5.5

广义相对论与非欧几何

　　说到相对论,它与非欧几何最相似之处是:刚提出时,大多数人都不太认可。直到切实的证据摆在面前,这些理论才最终被人们接受。

　　什么是相对论?爱因斯坦曾这么解释:你一个人坐在火炉边与你跟一个帅哥或美女坐在一起,这两种情况下你感觉到的时间快慢是不一样的。当然这只是个玩笑。相对论里的"相对"是相对于牛顿经典力学而言的。在相对论之前,我们认为时空是绝对不变的,物体在绝对的时空舞台中按照规律运动变化。而相对论认为光速是绝对的,物质的运动会影响周围的时空,所以时空不再是绝对的,而是依赖物质运动而存在和变化的。比如牛顿经典力学认为,行星围绕恒星公转是因为受到了万有引力的作用。而相对论认为,恒星的巨大质量使周围的空间产生了弯曲,而行星以一定速度掉入了恒星周围的"时空陷阱"中,所以围绕着恒星运动。

时空陷阱

这两种理论到底哪种更合理呢？这就需要我们判断空间是否真的发生了弯曲。根据上一节讲的内容，判断方法很简单，只需要测量一下空间中的三角形内角和跟180度是什么关系就可以了。这个方法理论上可以，但实际上很难应用。因为空间弯曲效应在地球附近太微弱了。不然我们也不会几千年以来都只认为欧氏几何是正确的，三角形内角和只等于180度。即使我们在地球附近测量一个很大很大的三角形内角和，在误差范围内，我们也很难判断它到底是大于、等于还是小于180度。那我们只好换一个角度。这时候科学家又提出了一个方法，就是利用质量巨大的恒星的"引力透镜效应"。既然质量巨大的恒星可以使空间弯曲，那我们身边这样的恒星就是太阳了。如果太阳周围的空间被弯曲了，那么太阳后面的星星发出来的光到达我们眼睛的路径，在有太阳和没有太阳时是不一样的。这样我们观测到的星星的位置也是不一样的。

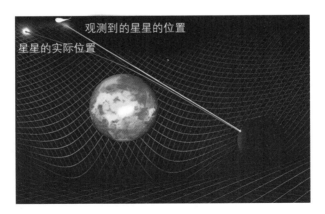

引力透镜效应

这个实验听起来挺巧妙，但把这个实验做出来那可是天时、地利、人和缺一不可。为什么呢？因为这个实验里面有一个特别大的问题，就是在白天有太阳的时候，我们一般观测不到太阳后面的星星。你能想到怎样解决这个问题吗?

这就要依赖一种特殊的天文现象——日食,这就是所谓的天时。发生日食时,就算在白天,因为月亮挡住了太阳,也能产生近乎黑夜的效果,让我们能够观测到星星。当然,除了天时还远远不够。我们知道日食分为日全食、日偏食和日环食。发生日食不一定是日全食,即使发生了日全食也只有在地球上的特定位置才可以观测到日全食,这就是地利。天时、地利凑齐了之后就是人和了,这个实验需要投入巨大的人力、物力,还需要很多运气。

1919年,英国天文学家、物理学家、数学家亚瑟·斯坦利·爱丁顿组织了两支考察队,分别去西非和巴西观测日全食。幸运的是,在西非的考察队观测到了日全食,并证实了太阳存在时,观测到的星星的位置的确发生了变化,这就证明相对论是正确的,也证实了宇宙空间的确是弯曲的。爱丁顿从此被称为最懂相对论的人。有记者曾问爱丁顿:"听说世界上有3个人真正懂得相对论,你知道是谁吗?"爱丁顿回答:"让我想想第三个人是谁?"

这次实验被誉为20世纪最伟大的物理学实验,它不光向人们证明了相对论,更重要的是让人们意识到宇宙空间可能更加符合非欧几何的模型。在此之前,非欧几何更多地被认为是一种花哨的理论,即使它可能是正确的。在这之后,非欧几何成了相对论的"左膀右臂",也成了人们认识宇宙的重要工具。

5.6

宇宙的模样

在很早之前,天文学家们认为宇宙的大小是恒定不变的。在这种情况下,宇宙空间就是欧氏几何的样子。爱因斯坦为了抵消引力作用下宇宙的变化,在描述宇宙的引力场方程中也加入了一项——宇宙常数(Λ)。爱因斯坦晚年时把宇宙常数称为他一生最大的错误。

$$R_{\mu v} - \frac{1}{2} R g_{\mu v} + \Lambda g_{\mu v} = \frac{8\pi G}{c^4} T_{\mu v}$$

引力场方程

随着对宇宙的进一步观测,我们发现宇宙实际上是在膨胀的,并且是以越来越快的速度膨胀。宇宙像一个不断充气的气球,空间在各个方向上急速扩张。科学家们发现,宇宙的膨胀速度比预想的还要快,仿佛有一股强大的力量在推动着它。然而,宇宙的膨胀并非无休止的。在某个时刻,这种膨胀可能会停止,甚至发生逆转。现在的宇宙学理论认为,整个宇宙的形状和宇宙质量有关。

这里存在一个宇宙的临界质量。如果宇宙的总质量大于临界质量,那么宇宙是球形的,也就是符合黎曼几何的模型,并且这样的宇宙总有一天在引力作用下收缩;如果宇宙的总质量小于临界质量,那么宇宙是马鞍形的,符合罗氏几何的模型,宇宙内部的引力无法抵消宇宙的膨胀速度,就会一直膨胀下去;如果宇宙的总质量等于临界质量,那么宇宙的结构将是平坦的,像欧氏几何一样,宇宙也会保持一个恒定的速度膨胀下去。

宇宙的结构实际上就是时间和空间的结构,我们普通人很难想象。不过科学家提出一个衡量宇宙结构的标准:如果两束平行光线越来越近,那么宇宙结构是球形的,这样的宇宙可以用黎曼几何解释;如果两束平行光线越来越远,那么宇宙结构是马鞍形的,这样的宇宙可以用罗氏几何解释;如果两束平行光线永远平行下去,那么宇宙结构则是平坦的,平坦宇宙的结构可以用欧氏几何解释。

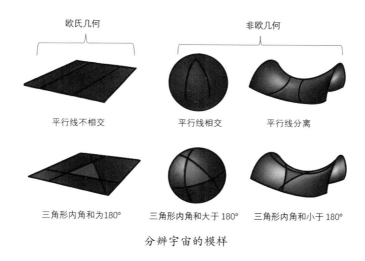

分辨宇宙的模样

从数学上来说,数学家们不太关心现实中宇宙是什么样的,因为那是天文学家和物理学家要关心的事情。我们数学上能提供的是各种几何学模型,无论现实中宇宙是什么样的,我们都有相应的理论去解释。这就使很多人觉得现在前沿的数学研究太脱离实际了,不知道在现实中有什么用。想想非欧几何和相对论刚诞生时,不也是如此吗? 谁能知道目前看起来"无用"的这些理论是不是下一个非欧几何或相对论呢?

有人可能会觉得我们生活在地球表面附近,欧氏几何就够用了。而且在我们的日常生活中,欧氏几何确实无处不在。它描绘了我们脚下的大地、周围的建筑、手中的物体等,给我们提供了直观的几何概念。然而,当我们抬头仰望星空,或者深入原子核的微观世界,欧氏几何就显得力不从心了。这时候,罗氏几何和黎曼几何便闪亮登场了。在宇宙中,由于引力的作用,光线会发生弯曲,行星的运动轨迹也会受到影响。罗氏几何正是描述这种弯曲空间的几何学,它能够更准确地描述宇宙中的真实情况。地球表面是一个球面,并不是欧氏几何中的平面。黎曼几何正是研究这种曲面空间的几何学。它能够更准确地描述地球表面的实际情况,为航海、航空等领域的实际操作提供重要的理论支持。

由此可见,各种几何学都有其独特的适用范围和作用,这些几何学在不同的领域中发挥着它们独特的作用,共同构成了我们丰富多彩的数学世界。

第6章

理发师该不该给自己理发
——认识经典悖论

06

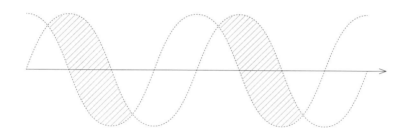

- 什么是悖论？
- 什么样的悖论竟动摇了集合论的基础？
- 经典悖论有哪些？
- 悖论的意义是什么？

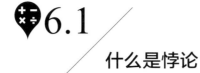

6.1 什么是悖论

直观地说,悖论就是那些听起来正确但实际上矛盾的表述。在数学上,悖论是指按照逻辑推理,可得出两个对立结论的命题。悖论从形式上来说是:事件 A 能推导出事件非 A 发生,同时事件非 A 发生也能推导出事件 A 发生。广义上的悖论指的是,直观上为真的前提,经由有效的论证形式推导,得出了直观上为假的结论。狭义上的悖论指的是推出了矛盾形式。

像悖论一样看起来合理但实际不存在的几何图形——彭罗斯三角

有一个著名的悖论是古希腊哲学家苏格拉底提出来的。他说:"我只知道一件事,那就是我一无所知。"当然,对于这句话,我们可以有各种各样的解读。我们可以说这句话展现了大哲学家苏格拉底虚怀若谷,以及他对知识的渴求和敬畏。这句话也说明,知道的越多,未知的东西也就越多。但是如果换个角度,从逻辑上来判断,你就会发现这句话有问题。苏格拉底的这句话简单解释就是:我只知道一件事,那就是我不知道。那他到底是知道还是不知道? 如果知道,知道的是不知道,这是矛盾的;如果不知道,可又知道不知道,同样是矛盾的。虽然上面的话像绕口令,但说明了苏格拉底的这句话看上去很有哲理,但实质在逻辑上是矛盾的,所以是一个悖论。

关于悖论,还有一个著名的例子,就是自相矛盾的故事。一个人先是推销自己的矛,说自己的矛无坚不摧,能刺穿世界上所有的盾;后来又推销自己的盾,说自己的盾坚固无比,可以抵挡世界上所有的矛。有人就问了,如果拿他的矛去刺他的盾,会是什么结果? 这个卖武器的人无话可说了。如果他的矛能刺穿他的盾,这就跟他说的他的盾能抵挡世界上所有的矛矛盾了。反之,如果他的矛不能刺穿他的盾,这就跟他说的他的矛可以刺穿世界上一切的盾矛盾了。我们可以看到,无论是什么结果,这个人所说的话都不可能同时成立。这也是我们中文里"矛盾"一词的由来。

自相矛盾

当然,我们今天所说的矛盾大多是指逻辑上的矛盾,而不是哲学上的矛盾。毕竟哲学上的矛盾是无处不在的,矛盾的两个方面是对立统一的,矛盾不可能消失,只能从旧的矛盾转化为新的矛盾。而逻辑上的矛盾是要尽量避免的,我们的各种逻辑体系都希望满足相容性,就是在同一个体系下不能推出相互矛盾的结论。如果一个表述出现了矛盾,就是我们要讲的悖论了。

还有一个很经典的悖论来源于美国作家约瑟夫·海勒的一部长篇小说《第二十二条军规》。在小说中,主人公是一名空军飞行员,他不想去打仗,因为他不想杀人或被别人杀死。他想找一些理由逃避战争,于是他装疯卖傻。"第二十二条军规"规定,只有疯子才能免于参战,但是必须本人申请才可以。然而如果有人用这条军规去申请免于参战,就说明这个人头脑清醒,不可能是疯子,那就不符合"第二十二条军规"的要求。反之,如果一个人真的疯了,那他根本不可能自己去申请免于参战。所以,"第二十二条军规"说的就是只有疯子才能不参战,而不想参战的人不可能是疯子。这就成了一个悖论,根本没有人能利用"第二十二条军规"逃避战争。

"第二十二条军规"使主人公不得不在生死线上苟且偷生,同时他也发现原来世界到处暗藏着这种荒唐的圈套。如今,"第二十二条军规"已经是英语中的一个惯用语,指看起来很有道理,实际上很疯狂、很荒唐的逻辑。

➕➖✖️➗ 6.2

理发师悖论与第三次数学危机

    通过前面的一些例子，估计大家对悖论有了一个初步的认识。接下来给大家介绍数学史上著名的"理发师悖论"和由它引起的第三次数学危机。

    如今庞大的数学大厦建立在集合论的基础上。集合论是由德国著名数学家康托尔提出来的。顾名思义，集合论是研究集合的数学理论，它的研究对象包含了集合、元素和成员关系等基本的数学概念。在现代大多数数学的公理体系中，集合论提供了描述数学对象的语言。可是这么重要的理论刚提出来时也遭到了质疑。大家质疑的是集合论中的基本概念——集合。罗素就根据这个问题提出了一个悖论。

康托尔   罗素

背景介绍

康托尔:德国数学家,集合论的创始人。1845年3月3日生于俄国一个商人家庭,1856年随父母迁居德国。学生时代的康托尔爱好广泛,想象力丰富,极有个性。1867年在柏林大学取得博士学位,之后在哈勒-维滕贝格大学长期任教,并追随当时伟大的数学家魏尔斯特拉斯从事研究工作。早年研究数论、不定方程和三角级数,并在无理数理论上有所成就。从1872年起,康托尔开始了关于集合论的研究。他以敏锐的眼光和深刻的思想向传统观念发起挑战,取得了一系列举世瞩目的成果。

罗素:英国哲学家、数学家、逻辑学家、文学家,分析哲学的主要创始人,著有《西方哲学史》《哲学问题》等。他在哲学、逻辑和数学上成就显著,在教育学、社会学、政治学和文学等许多领域也有建树。

这个悖论是这样的:把所有的集合分成两大类——第一类是包含自身作为元素的集合,记为A类集合;第二类是不包含自身作为元素的集合,记为B类集合。B类集合的全体构成一个新的集合,也就是所有不包含自身的集合构成一个新的集合,记为C。那么这个C到底是属于A类集合还是属于B类集合呢? 我们来分析一下,如果C属于A类集合,那它就包含自身,但C是由所有不包含自身的集合构成的集合,它应该不包含自身,所以C应该是B类集合。然而,如果C属于B类集合,那它就不包含自身,而根据C的定义,它包含自身,所以C应该是A类集合。你会发现,无论从哪个结论出发,都会导出与它矛盾的另一个结论,这样悖论就产生了。用纯数学的语言来描述,大家可能看得有点头晕,那么就换一种形式来讲讲罗素的这个悖论,即理发师悖论。

一个村子里有一个理发师,这个理发师比较古怪,他给自己定了一条规矩:只给那些不给自己理发的人理发。有一天,理发师发现自己的头发长了,想给自己理发,那么问题就来了:理发师该不该给自己理发? 如果他给自己理发,就不属于不给自己理发的人,所以他就不该给自己理发;但如果他不给自己理发,就属于不给自己理发的人,按照他定的规矩,他应该给自己理发。看到了吗? 无论从哪个结论出发,我们都能得到与之相反的另一个结论。还好现实中不存在这样一个古怪而又执拗的理发师,不然面对这个问题,理发师的脑袋可能都要想炸了。有人可能会笑话这个理发师不知变通,但往往我们在现实中也会给自己定下各种看似合理的"规矩",殊不知这样的规矩可能就是另一个"理发师悖论"。

我到底该不该给自己理发呢?

理发师悖论

在心理学中有一个理论叫情绪 ABC 理论。我们平时在一件事发生以后,都会寻找原因,并根据原因去解决问题。比如说,一个学生考试成绩不好,家长很生气。从表面上看,孩子考试成绩不好是家长生气的理由。但仔细分析就会发现,这个推理过程并不完全正确。因为有些家长拿到孩子不理想的成绩单时,可能并没有生气,而是鼓励孩子。可见成绩不好不一定会让家长生气,让家长生气的推理中还有另外的因素起作用,那就是家长的认知。

如果家长的认知中,考试成绩的高低并不是最重要的,在这之后反映出来的问题才是最重要的,那么家长不会因为孩子成绩不好而生气,而会耐心地和孩子分析考试后面存在的问题。情绪ABC理论是美国心理学家阿尔伯特·埃利斯提出的一种情绪调节理论,其中A代表激发事件(Activating event),B代表信念(Belief),C代表结果(Consequence)。该理论指出,激发事件A是引发情绪和结果C的间接原因,而引发结果C的直接原因是个体对于激发事件A的认知和评价所产生的信念B。

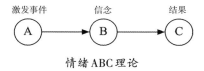

情绪ABC理论

我们在生活中常常认为激发事件A引起了一个带给我们不良感受的结果C。我希望改变这个结果,所以寄希望于改变激发事件A。然而实际问题中,激发事件A也就是现实,可能很难改变。这样我们就陷入了一个悖论——寄希望于通过不切实际地改变现实来改变自己的感受。殊不知,直接影响我们感受的是我们对事件的认知。生活中,我们很多的“执念”未尝不是一种隐藏的悖论。

在“理发师悖论”发表之后,人们又发现了一系列相关的悖论。

培里是英国的一名图书馆管理员。有一天,他告诉罗素他发现了下面的悖论:英语中只有有限多个音节,只有有限多个包含少于40个音节的英语表达式,所以用少于40个音节的表达式表示的正整数数目只有有限多个。但是,假设R为The least positive integer which is not denoted by an expression in the English language containing fewer than forty syllables(不能由少于40个音节的英语表达式来表示的最小正整数),这段英语包含的音节少于40个,即 R 定义本身少于40个音节,却描述一个不少于40个音节英语表达式的最小正整数,这就形成了悖论。

纳尔逊是新康德主义的小流派之一弗瑞斯派的代表人物。1908年,他和他的学生格瑞林发表了一个悖论。如果一个形容词所表示的性质适用于这个形容词本身,比如"黑的"两字的确是黑的,那么这个形容词称为自适用的;反之,如果一个形容词不具有自适用的性质,就叫作非自适用的。在英语中:"Polysyllabic"(多音节的),"English"(英语的)这些词都是自适用的形容词,而"Monosyllabic"(单音节的)、"French"(法语的)这些词就是非自适用的。我们来考虑"非自适用的"这个形容词,它是自适用的还是非自适用的呢? 如果"非自适用的"是非自适用的,那么它就是自适用的;如果"非自适用的"是自适用的,那么按照这个词的意思,则它是非自适用的,这就产生了矛盾。

罗素悖论和之后的一系列悖论给了集合论一个沉重的打击,第三次数学危机随之引发。当时数学已经发展为一个相当庞大的领域。集合论是这个领域的基础之一。罗素悖论一出现,集合论就靠不住了,整个数学的大厦都动摇了。当时罗素写信把这个悖论告诉了他的好友——著名数学家弗雷格。弗雷格收到罗素的信之后,就在他准备出版的《算术的基本法则》第二卷末尾写道:"一位科学家不会碰到比这更难堪的事情了,即在工作完成之时,它的基础垮掉了。本书等待付印时,罗素先生的一封信把我置于了这种境地。"另一位德国著名数学家戴德金原来打算把他的著作《连续性及无理数》第三版付印,这时也把稿件抽了回来,他认为由于罗素悖论,整个数学的基础靠不住了。

![背景介绍]

戴德金:德国数学家、教育学家,出生于1831年10月6日。1850年进入哥廷根大学学习,师从高斯。戴德金在数学上的主要成就有两个:在实数和连续性理论方面,他提出"戴德金分割",给出了无理数及连续性的纯算术的定义;在代数数论方面,他建立了现代代数数和代数数域的理论,提出了代数整数环上理想的唯一分解定理。

　　虽然罗素悖论一出,让很多数学家感到绝望与动摇。但绝望之余,依然要继续往前看,想办法解决问题。这不仅是罗素悖论的问题,还是整个数学基础的问题。我们仔细想一想罗素悖论的问题究竟出在哪里呢? 其实所有的问题都在一点上,叫自指,也就是自我引用。熟悉编程的朋友都知道,如果一个程序在运行中能够引用自身,那么这个程序往往是有隐患的,可能会造成无限的循环引用,从而导致内存溢出或内存泄漏而使程序停止运行。

　　罗素悖论的问题也在于此。罗素悖论里的集合 C 是所有不包含自身的集合构成的集合,在给这个集合进行定义的时候就提到了"自身"这个词,也就是说在一个对象定义没有完成时,在定义中就提到了这个对象自己。罗素在分析自己提出的这个悖论时就指出:一切悖论的共同特征是"自我指代"或自指示、自反性,它们都源于某种"恶性循环"。在此基础上,罗素也提出了他的改进方法。只有满足某一给定条件的所有对象都属于同一类型时,我们才能谈到它们的全体,于是一个类的所有成员必定都具有同一类型。罗素的解决方法虽然好,但是对定义的限制太严格,这导致它无法涵盖数学中的所有概念。在解决罗素悖论这个问题上,数学家们又选择了另一条路。

1908年,数学家策梅洛和弗伦克尔提出了ZF系统。他们把集合论变成一个完全抽象的公理化理论。在这个理论中,他们不对集合加以定义,而是用集合论公理来描述集合的性质和行为。他们不讲集合是什么,只讲在数学上如何处理它们。ZF系统原本包括了7条公理,后来加上了"选择公理",就形成了ZFC集合论体系。该公理体系避免了"所有"这样的描述方法,从而消除了罗素悖论产生的基础。从这个意义上来说,我们认为第三次数学危机因为ZFC集合论体系的建立而被解除了。提出新的理论解决了老的问题,但还会产生一系列新的问题。这就是为什么数学研究总是能源源不断地进行下去,总有未知的问题等待我们探究和解决。

由此可以看出,数学上的悖论可能会引发危机,但同样引发人们的思考,推动着数学不断向前发展。接下来给大家介绍一下历史上的经典悖论。

6.3
常见的经典悖论

上一节介绍了罗素悖论,也就是理发师悖论。悖论产生的主要原因是"自我指代"。在历史上,这种"自我指代"悖论其实有很多。

在《庄子·齐物论》中,庄子说"言尽悖"。后期墨家反驳道:如果"言尽悖",庄子的这个"言"难道就不"悖"吗?再看哲学上常说的"世界上没有绝对的真理",那这句话本身是不是绝对的真理呢?

除了上面这些,我们还会遇到一些跟无限有关的悖论。历史上最著名的莫过于古希腊哲学家芝诺提出的几个悖论。

第一个是两分法悖论,即如果物体从 A 点运动到 B 点,需要经过 AB 的中点 C;同理,物体从 A 点运动到 C 点要经过 AC 的中点 D……以此类推,物体从 A 点运动到 B 点要经过无数个中点,那么这个物体就不可能运动到 B 点,所以运动不存在。

第二个叫作阿喀琉斯与乌龟悖论。阿喀琉斯是希腊神话中的"飞毛腿",跑得非常快。而我们知道,乌龟爬得非常慢。这个悖论是说,如果让阿喀琉斯与乌龟赛跑,只要让乌龟先爬一段路,阿喀琉斯就永远都不可能追上乌龟。这是为什么呢?因为每当阿喀琉斯追到乌龟先前所在的位置时,乌龟又往前爬了一小段……这个过程无法穷尽,所以阿喀琉斯永远追不上乌龟。

这两个悖论听起来好像有点道理,但它们错误的地方在于,认为无穷多段路程之和一定是无穷大,因此必定在有限的时间内无法通过。我们以阿喀琉斯与乌龟的例子建立数学模型来解释一下。假设乌龟的速度是1m/s,阿喀琉斯的速度是10m/s(当然"飞毛腿"的速度可能是乌龟的百倍甚至千倍,我们只是举个好算的数字,计算原理上是一样的)。此外,假设开始的时候,乌龟领先阿喀琉斯的距离是10m。阿喀琉斯要追上这段距离需要花1s,这时乌龟又向前走了1m;若阿喀琉斯要追上这段距离,需要花 $\frac{1}{10}$ s,这时乌龟又向前走了 $\frac{1}{10}$ m;阿喀琉斯再追上这段距离要花 $\frac{1}{100}$ s,乌龟又向前走了 $\frac{1}{100}$ m……这么一直追下去,阿喀琉斯需要的时间是 $1+\frac{1}{10}+\frac{1}{100}+\frac{1}{1000}+\cdots$ 这个无穷项等比数列之和。我们可以用公式 $\frac{a}{1-q}$ 来计算它们的和,其中 a 是这个数列的第一项,q 是这个数列的公比。在这个例子里,$a=1$,$q=\frac{1}{10}$,代入公式可得 $\frac{1}{1-\frac{1}{10}}=\frac{10}{9}$,也就是

1.1111…所以我们看到,这是一段有限的时间,这就说明无穷多个数的和不一定是无穷大。

芝诺还有一个著名的飞矢不动悖论。"飞矢不动"是说飞行中的箭矢每个时刻都在一个确定的位置上,因而它并没有运动。这个悖论本质上是割裂了静止和运动,以及离散和连续的关系。每个时刻箭矢的位置当然是固定的,但不能就此说箭矢就没有运动。运动是物体在空间位置的变化,那么空间位置变化一定对应着时间的变化,只要不同时刻的位置不同,就说明物体在空间中发生了运动。这个悖论更深入的反思就是,时间是否无限可分,是否存在更小的时间间隔。

芝诺提出的这些悖论,不仅揭示了时间、空间和无穷等概念的复杂

性,也激发了人们对时间、空间、无穷等概念进行更深入的思考。在我国古代,《庄子·天下篇》中也提到了一个经典的悖论:"一尺之棰,日取其半,万世不竭。"这句话描述了一个无穷的分割过程,引发了人们对无穷概念的深入思考。

这个悖论与芝诺的两分法悖论类似,都揭示了人类思维在面对无穷大或无穷小的问题时所面临的困境。这些悖论的出现,促使人们不断地思考、探讨、挑战,推动了思想的进步和发展。

从一定意义上来说,这些悖论是人类思想进步的催化剂,它们挑战了人们的认知边界,推动了人类对世界的理解。面对这些悖论时,我们需要保持开放的心态,勇敢地挑战思维惯性。只有这样,我们才能在这些悖论的引导下,逐步揭示世界的真相。

6.4 悖论与"杠精"

所谓"杠精",就是那些总与人唱反调,争辩时总是故意持相反意见的人。他们的说辞让人觉得强词夺理,但是听起来又没有什么太大的问题。有的时候你想驳倒他,却又觉得有些无能为力。"杠精"们的言辞在一定意义上就是悖论,可是如果单单用悖论来形容"杠精"的言论那可是大大贬低了悖论的意义。所以我们把"杠精"们的这种说辞叫作诡辩。什么是诡辩?我们举一个例子。

老师说:"我家有两个客人,A很脏,B很干净,于是有一个人去洗澡了,请问谁洗澡了?"

学生说:"A去了。"老师驳:"不对,A脏是因为他没有洗澡的习惯。"

学生说:"B去了。"老师驳:"不对,B已经洗干净了。"

学生抓狂。老师说:"这就是诡辩。"

这个故事违反的是逻辑基本要求的同一律的问题。关于谁会洗澡这个问题,对于A,老师用"是否有洗澡习惯"来判断他有没有洗澡;对于B,老师用"是否有洗澡意愿"来判断有没有洗澡。可见,老师的判断标准不统一,也就是我们常说的"双标"。我们要讨论一个问题,首先要建立在一个共同的标准之上。即使是双方互相辩论,大家也要有自己的立论。大家围绕着自己的立论去论证,同时去攻击对方的立论。所以辩论的意义在于从正反两个方面对一个问题有更深入的思考。而诡辩者没有自己的观点,只是为了反驳而反驳,去攻击对方的观点。

类似的悖论还有所谓的"父在母先亡"。这是一个可以自圆其说的乱语。它可以有4种解释:第一种,"父在,母先亡";第二种,"母亲还在,父亲在母亲之前亡故了";第三种,如果父母都健在,可以说是对未来的预测;第四种,如果父母都去世了,也可以解释为"父亲在的时候,母亲就去世了"或者"父亲在母亲去世之前就去世了"。以上4种情况,总有一种是对的,真可谓左右逢源。

除了"双标","杠精"还有一个常用的技能叫"偷换概念"。我们用到的逻辑推理是演绎推理,演绎推理一般满足三段论的形式,即:大前提——M是P;小前提——S是M;结论——S是P。三段论就是在满足大前提的条件下,通过小前提就可以推出结论的推理方式。比如说,大前提——太阳系的行星都围绕太阳公转,小前提——地球围绕太阳公转,所以我们能得出结论——地球是太阳系的行星。而"杠精"可能是这样使用三段论的:大前提——人在地球上已经生存了上百万年;小前提——你没有在地球上生存上百万年;结论——你不是人。虽然这个推论的形式满足三段论,但它显然是错的,问题出在哪里呢?问题就在于这个推理过程中的"人"对应的是不同的概念。大前提中的"人"指的是"人"这个生物种群,而结论中的"人"指的是作为个体的"人"。尽管大前提和结论里都有"人",但它们的含义是不一样的。也就是说,在没有改变文字表达的时候,偷换了文字所代表的概念,这就是所谓的"偷换概念"。我们在辩论时,要对辩题里的词语先下定义,就是为了避免对方偷换概念。

偷换概念

说到诡辩,我们中国自古以来就有人研究。先秦诸子百家中的名家,就是以诡辩闻名的。名家的代表人物有公孙龙、邓析、惠施等。公孙龙有一个著名的辩论叫"白马非马"。一天,公孙龙牵着一匹白马过关,结果被拦下来了。士兵说:"按照规定,人可以过关,马不能过。"公孙龙说:"规定是说马不能过关,但我的是白马,白马不是马。白马和马是两回事,规定只说马不准过关,但并没有说白马不准过关。"这就是一个诡辩,它的问题出在哪里呢?从辩证法的角度来说,"白马非马"割裂了个别和一般的关系,割裂了概念的内涵和外延的关系。白马属于个性,特指白颜色的马,属于马的概念的外延;马属于一般,是各种颜色马的共性,是概念的内涵。公孙龙区分了它们的差别,但又绝对化了这种差别。白马尽管颜色上不

白马非马

同于其他的马,但仍然是马。

《吕氏春秋·淫辞》中记载,秦国和赵国约定:今后秦国想做的事,赵国要帮忙;赵国想做的事,秦国也要帮忙。不久,秦国要攻打魏国,赵国打算出兵援救。秦王很不高兴,派人对赵王说:"秦国想做的事,赵国要帮忙;赵国想做的事,秦国也要帮忙。现在秦国要攻打魏国,而赵国要去援救,这是违约的。"赵王就把消息告诉了平原君,平原君去请教公孙龙。公孙龙回答说:"赵王也可以派人对秦王说:赵国打算援救魏国,现在秦国却不帮助赵国,这是不合乎约定的。"我们可以看到,这个约定本身就是一个悖论,而公孙龙敏锐地抓住了这一点,这样秦王就无法用约定谴责赵王了。

名家还有一个很著名的人物——邓析。《吕氏春秋》中记载了这样一个故事。

郑国的洧水发了大水,淹死了郑国的一个富人。这个人的尸体被别人打捞了起来,富人的家人要求赎回尸体。然而捞起尸体的人开价很高,富人的家人不愿接受,他们就去问邓析。邓析说:"不用着急,除了你,他还能卖给谁?"捞到尸体的人等得着急了,也去找邓析。邓析却回答说:"不用着急,他不从你这里买,还能从谁那里买呢?"你一听会觉得很有道理,但并没有解决问题。这就是名家的特点,即嘴上功夫了得,但是对解决实际问题帮助甚少。用庄子评价名家的话来说就是:"饰人之心,易人之意,能胜人之口,不能服人之心,辩者之囿也。"意思是你能在嘴上胜过别人,却不能让别人心服口服,最终自己陷入了辩论的困境之中。

在先秦诸子百家时期,名家非常出名,但并未流传下来,原因也在于名家的理论虽然听起来非常有道理,但对于治理国家帮助并不大,毕竟光说不干是假把式。

诡辩学派的致命弱点就是忽略"本质"而纠缠"属性",从现存的事物中推出相悖的结论,而不详细考察事物的真实面貌,且未在实践的基础上加以证明。

　　对付诡辩最好的方式就是运用辩证法并在实践中加以论证。我们常用的辩证法就是在对付诡辩论的过程中发展起来的,同时也是我们对付"杠精"的有力武器。黑格尔在《小逻辑》中说道:"辩证法切不可与单纯的诡辩相混淆。诡辩的本质在于孤立起来看事物,把本身片面的、抽象的规定认为是可靠的。"

黑格尔

悖论的意义

　　我们可以看到,悖论虽然是矛盾的,但它的存在也推动了哲学、数学的发展,促使了思想的解放。科学发展史上的各种悖论也大大推动了科学的发展。比如物理学上关于"双生子佯谬"的讨论也让大家对狭义相对论的理解越来越深刻。悖论自古以来就存在,我们面对悖论不应该仅仅抱着避免麻烦的想法去规避它、消灭它,更应该勇敢地面对它,深刻地思考它。我们对悖论了解得越深入,对事物的认识就会越全面。向未知前进的过程中,悖论就像是路边的鲜花,可能让我们迷失驻足,但也带给我们继续走下去的力量。

　　悖论存在的意义就在于,它激发了人们的求知欲,推动人们对于某些问题进行更为深入的思考,从而提升了人们的认知水平和哲学素养。有了悖论的存在,我们会谨慎地思考所说的每一个字、每一句话在逻辑上是否正确。有时即使一个简单的概念,不仔细思索也会产生悖论。比如"这句话是假话",我们如果认为这句话是真话,那就说明这句话是假话;反之如果我们认为这句话是假话,我们也能推出来这句话是真话。所以无论我们认为这句话是真还是假,都会带来矛盾的结论。这就激发了我们进一步去思考——到底什么是真? 什么是假?

　　在日常生活中,悖论无处不在,而对悖论的理解,不仅可以提升我们的辩论水平,还能使我们在与"杠精"的斗争中寻找他们的逻辑漏洞,锻炼我们的思维能力,使我们的生活更加美好。

当追求理想生活时,我们常常会陷入悖论的陷阱。例如,我们希望找到一份既喜欢又离家近、既轻松又收入高的工作。然而,这种理想状态往往是不存在的,因为其中包含着悖论。这时,我们需要学会妥协,避免陷入无尽的苦恼。

悖论不仅让我们的思维更加严谨,使我们学会在复杂的世界中寻找真理,而且让我们更好地面对生活中的种种挑战。因此,我们应该勇敢地认识悖论、面对悖论、破解悖论。只有这样,我们才能在悖论中找到生活的真谛,让生活变得更加美好。

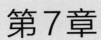

第 7 章

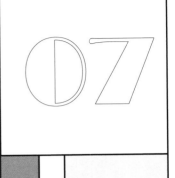

该不该改变选择
——从"三门问题"
来认识概率

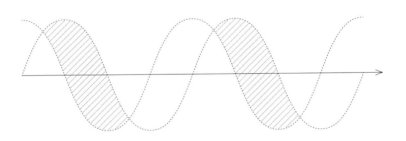

- 什么是"三门问题"?
- 概率是怎么诞生的?
- 我们如何认识概率?

7.1

关于"三门问题"的争论

　　下面我们从"三门问题"谈起。"三门问题"也叫蒙提霍尔问题（Monty Hall Problem），是一个与概率有关的趣味数学问题。

　　美国有一个电视游戏节目由蒙提·霍尔主持，吸引了很多人的眼球，该节目的收视率节节攀升。为了方便人们对该节目中的问题进行讨论，将该问题以主持人的名字命名（即蒙提霍尔问题），同时也叫"三门问题"。三门问题的主要内容表述如下。

三门问题

　　在这个电视节目中有3扇关闭的门，其后面会随机放一辆汽车和两只羊，如果参赛者选中后面藏着汽车的那扇门，就能赢得汽车。也就是说，参赛者赢得汽车的概率是 $\frac{1}{3}$。当参赛者选定了一扇门后，主持人并未立刻打开它；为了营造节目紧张悬疑的气氛，主持人会从剩下的两扇门中打开一扇有羊的，并给参赛者提供一次重新选择的机会。此时参赛者可以维持自己的第一选择,也可以改变自己的选择。那么参赛者到底应不应该换门呢?怎么样做才能让得到汽车的概率大一些呢?

对于"三门问题",大众通常有两种看法。

一种看法是保持原状,选择不换。持这种看法的人认为,选中汽车的概率在做出选择时就确定了,后面的种种操作并不会对最终的结果有什么影响。最开始选中汽车的概率是 $\frac{1}{3}$,主持人去掉一个错误答案之后,无论换与不换,选中汽车的概率都是 $\frac{1}{2}$,换不换没有影响,所以选择不换。

另一种看法是改变选择,将原来选择的门与剩下没有打开的门交换。持这种看法的人认为,最开始无论选择哪扇门,中奖的概率都是 $\frac{1}{3}$。后来把一个错误答案排除了,那中奖的概率就提升到了 $\frac{2}{3}$。为了提升中奖的概率,当然应该选择换门了。

"三门问题"的选择为什么会有争议?原因在于这个问题在表述的过程中隐藏了一些条件,以及人们对概率的不同看法。这个游戏本身有一个规则并没有说明白。那就是当选手选择一扇门之后,主持人打开的那扇门到底是随机选择的,还是有意选择的?也就是说,如果选手选择了一扇后面有羊的门,主持人有可能选中一扇后面是车的门打开吗?依据我们看综艺节目的经验来分析,为了节目的呈现效果,主持人不可能这么做。所以,这个场景下,一般我们认为主持人提前知道每扇门后面有什么,他会根据选手的选择,在剩下的两扇门中选择一扇后面是羊的门打开。那么我们就是在这个前提下来分析到底该不该改变选择。

用概率知识来分析,如果改变选择,选中汽车的概率是否会变大?我们是否应该改变最初的选择?不知道各位读者的答案是什么样的呢?在公布答案之前,先带大家一起了解概率是如何产生的。

7.2 概率的起源

概率是用来描述随机事件发生可能性大小的数学模型,它是一种数学工具。那么概率是怎么被人们发现并研究的呢?据说有甲、乙两个人进行赌博游戏,他们约定七局四胜,每人押相同的赌金,谁胜利了就能赢得对方的所有赌金。结果两个人玩到一半,甲三比一领先乙,但甲因有事要离开,游戏无法继续进行。现在游戏没玩完,甲就要走了,这时他们两个人就要商量赌金如何分配。甲认为:"虽说没玩完,我们约定的是七局四胜,我已经赢了三局,你才赢了一局,照这样看,我的实力远超于你,再玩下去我一定能赢,所以赌金应该归我。"乙当然不愿意了:"凭什么呀?我前几局是运气不好。现在风头正盛,接着玩下去绝对能反败为胜,所以赌金应该归我。"乙说的也不无道理。

2015—2016赛季NBA总决赛,骑士队对战勇士队。在前四场结束后,骑士队以1比3落后,在大家都不看好的情况下,却最终连胜3场,以4比3赢得了当年的总冠军奖杯。所以我们不能认为大幅落后的一方,就不能反败为胜。

那这个问题应该怎么解决?据说这两个人把这个争论通过写信去询问他们的朋友——当时法国的大数学家、物理学家帕斯卡。帕斯卡觉得这个问题很有意思,就写信与他的朋友费马讨论。费马被称为"业余数学家之王",他虽然不是专职的数学教授,但在数学上的成就也是很高的。

他们俩在写信沟通的过程中,慢慢建立起了概率论的基础。他们通常被认为是概率论的奠基人。

这个问题挺有意思的。费马,你怎么看?

我觉得你说的很有道理!

帕斯卡　　　　　费马

他们是如何研究这个问题的呢? 常规的想法当然是按照现在比分的比例给甲、乙两个人分配赌金。比如现在的比分是甲三比一领先乙,那就甲分 $\frac{3}{4}$,乙分 $\frac{1}{4}$。但这个想法对于甲、乙约定的规则来说不太公平,毕竟他们约定的是七局四胜,如果只根据现在的比分分配赌金,就相当于不考虑未来的可能性。而这个问题有争议的原因并不在于大家对现在的比分有争议,而是对未来的结果有争议。所以更应该根据未来的可能性去分配赌金,这就有点概率的意思了。

当时他们的想法很简单,就是如果甲、乙把剩下的三局玩完,把所有的可能性列出来,统计甲、乙分别赢下比赛的情况,然后根据这个比例去分配赌金。下面我们把后三局的所有结果列出来,总共有8种情况:甲甲甲、甲甲乙、甲乙甲、甲乙乙、乙甲甲、乙甲乙、乙乙甲、乙乙乙。结合现在三比一的比分,最后三局中,甲只要再胜一局就可以取胜,而乙需要连胜三局才能取胜。我们看到8种情况中,有7种情况是甲最终获胜,只有一种情况是乙最终获胜,所以最终把赌金按照七比一的比例分给甲、乙才更加合理。可能有的人会质疑,根据前面三比一的结果,是不是剩下的每一局中甲获胜的可能性更大一些,所以最后三局每种情况的可能性是不一样的。

这个想法非常好,这就是对概率进一步的思考,我们在后面会讲到。这种计算未来事件发生可能性大小的方法,就是概率的方法。

概率研究起源于游戏,但它的价值远超游戏本身。概率理论一经提出,就引起了人们的极大关注。因为概率可以计算未发生事件发生的可能性的大小,所以人们认为概率是一个可以用来预测未来的神奇工具。自古以来,人们为了预测未来,尝试了各种方法,如烧龟甲、求签、掷硬币等。如今,我们终于有了一个真正靠谱的数学工具——概率。法国著名数学家拉普拉斯对概率的威力深信不疑,他曾说过:"这门源自赌博机运之科学,必将成为人类知识中最重要的一部分,生活中最重要的问题中的大部分,都将只是概率的问题。"

但是,我们需要明白,数学作为一门形式科学,它本身并不代表真理,而是为我们提供了追寻真理的工具。概率最终发展成了一种公理化的数学模型,为我们的决策提供了重要的参考依据。在现实生活中,概率的应用非常广泛。无论是金融、经济、科技还是其他领域,概率都发挥着重要的作用。通过概率分析,我们可以预测市场的走势、评估投资的风险、预测疾病的发病率等。因此,我们不能简单地将概率视为一种游戏或是一种纯粹的理论,而应该充分认识到它在现实生活中的实际意义和价值。

➗7.3

概率的意义

现实中有很多事情都与概率有关。比如天气预报就是通过概率去预测未来的天气;买了一张彩票,能不能中奖也依赖概率。不过,在不同的场景下,概率的意义也不尽相同。

比如掷一枚硬币,排除特殊情况(比如硬币立起来了),这枚硬币正面朝上和反面朝上的概率都是 $\frac{1}{2}$。掷一个六面骰子,每个面朝上的概率都是 $\frac{1}{6}$。如果我们想知道这个骰子偶数点朝上的概率,那就用偶数面的3种情况除以总数的6种情况,结果就是 $\frac{1}{2}$。这就是表示概率用到的第一种方法——古典概型。古典概型的前提是随机事件的结果的情况是有限的,各个情况是等可能的。在这种情况下,随机事件某种结果出现的概率就等于这种结果对应的情况数除以总的情况数。

比如常见的一个随机事件——抽签。我们用抽签的方法从 n 个人中抽出一个,每个人被抽中的概率都是 $\frac{1}{n}$。但是大家在用古典概型去计算概率时,一定要记住等可能假设,不能滥用。

比如掷两个六面骰子,点数和是5的概率是多少? 有人会认为,掷两个骰子,总共有36种可能,其中1和4、2和3、3和2、4和1,这4种情况下点数和是5,所以最后的概率是 $\frac{4}{36} = \frac{1}{9}$。也有人认为,掷两个六面骰子,点数和可能为2到12,总共有11种情况,而5是其中一种,所以掷出点数和为5的概率是$\frac{1}{11}$。到底哪个是正确的?

大家可能会对第二种算法有些疑问,但好像不太容易说清楚问题出在哪里。我们再举一个极端点的案例,有人认为买彩票中大奖的概率是$\frac{1}{2}$。为什么呢?因为买彩票的结果要么中大奖要么没中大奖,所以中大奖的概率是$\frac{1}{2}$。

是不是觉得不合理?有时候我会用这种不合理去鼓励我的学生去学习。我会告诉他们,数学考试并不难。就拿单选题来说,哪怕你不会做,蒙对的概率也比你想象的高。学生们会问:"难道蒙对答案的概率不是$\frac{1}{4}$吗?"我说:"不,是$\frac{1}{2}$,因为最后的结果只有对和错两种。"虽然这么说有违我一个数学老师的专业认知,但对于一些对概率不太理解的同学来说,这的确是很大的鼓励。

概率在生活中无处不在

在上面这些例子中,主要的问题是忽略了古典概型的前提——所有情况要等可能。其中认为掷两个骰子,出现每种点数的组合是等可能的,而点数和实际上不是等可能的。你可以掷两个骰子看看,点数和是2是不是比点数和是 7 要难掷出来,所以点数和是 5 的概率实际上是 $\frac{1}{9}$。彩票中大奖和没中大奖当然不是等可能的,我们只能认为彩票开奖的每种数字组合是等可能的,所以彩票中大奖的概率实际上是很小很小的。单选题有 4 个选项,我们认为选择每个选项是等可能的,对与错当然不等可能,所以单选题蒙对的概率实际上是 $\frac{1}{4}$。

除了用古典概型这种纯粹的计算方法,我们还可以用历史统计数据来描述概率。

在天气预报领域,除了利用气象卫星观测到的数据来预测天气,还会利用历史气象数据去作比较。比如某个地方历史数据显示,50 年中有 45 年的冬季平均气温在零下 10 摄氏度左右,那就意味着今年冬天这个地方的平均气温也可能在零下 10 摄氏度左右。建设三峡大坝时,设计标准是大坝可以抵御千年一遇的洪水,这个千年一遇也是基于历史统计数据而言的概率表述。所以对于一些随机事件,在我们对它的本质缺少了解的情况下,可以用之前这件事发生的频率来预测它未来发生的概率。虽然这样可能会出错,但也是一种比较客观的描述概率的方法。

有时候概率也会出现在我们的主观评价中。比如说一位男士喜欢上了一位女士,他一定会评估自己追求成功的概率。只有成功概率比较大的时候,他才可能付诸行动。只不过不同的人可能对概率的大小有不同的要求。那我们怎么描述这个概率呢?用古典概型分析所有可能的结果?但我们不知道所有结果是不是等可能的,所以这条路是行不通的。用历史统计数据来估计?要是这位男士是个感情上的新手怎么办?所以只能靠他自己主观上的感觉来评价。他可能会觉得这位女士是他今生的新娘,自认追求成功的机会有 80%。旁人如果问他这个 80% 的概率是怎么算出来的,这位男士可能会举出一个又一个例子,分析一种又一种迹象来证明自己的估计是正确的。可无论怎么分析,这都是一个主观概率。主观概率当然也可能基于过去的一些经验和客观事实,但面对同样的事,不同的人可能有不同的判断,从而给出不同的主观概率。对于一些无法重复的现象或首次遇到的现象,我们往往只能基于主观概率,也可以说是经验或灵感来判断。

主观评价中的概率

在生活中,我们总会在各种各样的地方谈到概率,可不同地方的概率的含义是不一样的:既有通过数学模型精确计算得到的概率,也有根据历史统计数据获得的概率,当然还有我们主观感受得到的概率。通过上面的分析,有一个问题就产生了——概率究竟是主观的还是客观的?

7.4 频率学派与贝叶斯学派

先来看一个例子。我的学生在考试前会问我:"老师,明天考试会考这道题吗?"我会回答:"已经给大家划定了考试的范围,回去好好复习就行了。"那么一道复习范围内的题目是否会出现在试卷上,这是否属于概率问题呢? 有人可能会觉得是,也有人可能会觉得不是。

我来做个总结,从学生的角度来看,这是一个概率问题;但从我的角度来看,这不是一个概率问题,因为试卷是我出的,我明确知道试卷上有没有这道题。所以,同样一件事,对于不同的人来说,是否属于概率问题是不一样的。这是怎么回事呢? 这就源于人们对概率这一概念的不同理解了。有人认为概率是随机事件的一个客观属性,是随机事件本身所具有的;也有人认为随机事件不具有客观的随机性,而只是我们作为观察者不知道事件的结果而已。也就是说,一个事件是否属于随机事件取决于我们对这个事件的了解有多深。前面的例子就说明了这一点。

再举一个直观一点的例子,我手上拿着背对你展开的4张扑克牌,花色分别是黑桃、红桃、梅花、方块,你从我手里抽一张牌扣下,那么你抽到红桃的概率是多少? 你可能会根据4张牌里只有一张红桃得出这个概率是 $\frac{1}{4}$。而你抽牌的整个过程我都看到了,我明确知道你抽到的那张牌是什么,所以对于我来说这个概率就是0或1。

根据对概率的两种不同的认识,人们分成了两个派别,分别叫频率学派和贝叶斯学派。

频率学派认为,概率是用来描述随机事件发生可能性大小的一个确定数值,它是随机事件本身的客观属性,不受观测者的影响。我们想了解一个随机事件的概率,可以反复地做试验,若试验中这个事件发生的频率最后会趋近于一个常数,这个常数就是该事件的概率的估计值。频率学派的数学家为了验证这个结论已做过大量的试验。这些试验证明了频率学派数学家对概率的认识。

历史上掷硬币的试验结果

试验者	试验次数	正面次数	正面占比
德·摩根	4092	2048	50.05%
蒲丰	4040	2048	50.69%
费勒	10000	4979	49.79%
皮尔逊	24000	12012	50.05%
罗曼诺夫斯基	80640	39699	49.23%

这种用频率来估计概率的理论基础就是"大数定律"。毫不夸张地说,大数定律是现代概率论和统计学的基石,几乎一切统计方法的正确性都依赖于大数定律的正确,因此大数定律被有些人称为概率论的首要定律。

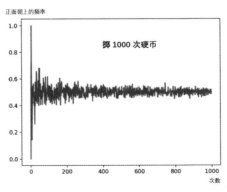

大数定律在掷硬币中的体现

"大数定律"的直观表述是这样的:在相同条件下,随着随机试验次数的增多,某个结果出现的频率越来越接近于这个结果发生的概率。大数定律陈述的是一个随着 n 趋向于无穷大时频率对真实概率的一种无限接近的趋势。我们可以用"伯努利大数定律"的形式来表达:设 S_n 为 n 次独立重复试验中事件 A 发生的次数,p 为每次试验中 A 出现的概率,则对任意的 $\varepsilon > 0$,有 $\lim\limits_{n \to \infty} P\left(\left|\dfrac{S_n}{n} - p\right| < \varepsilon\right) = 1$,即当试验次数 n 趋向于无穷大时,事件 A 发生的频率之差的绝对值小于一个给定正值 ε 的概率是趋向于 1 的。伯努利大数定律代表的意义是,当试验次数越来越多,频率与概率相差较大的可能性变得很小。

大数定律从数学上严格证明了频率对概率的收敛性及稳定性。这就是频率估计的理论基础。这也就解释了为什么科学家们执着于掷那么多次硬币。伯努利大数定律的出现为概率论的研究打开了一扇大门,为频率学派奠定了坚实的理论基础。

"现代遗传学之父"孟德尔通过豌豆实验,发现了遗传因子的分离定律及自由组合定律。孟德尔的自由组合定律也被称为基因的独立分配定律,是遗传学的三大定律之一。孟德尔在做两对相对性状的杂交实验时发现,黄色圆粒:绿色圆粒:黄色皱粒:绿色皱粒=9:3:3:1。这一结果表明,它是两对遗传因子分别由分离定律独自分离的比例3:1产生的。遗传因子的自由组合定律在孟德尔两对相对性状杂交实验中,F_1 黄色圆粒豌豆(YyRr)自交产生 F_2,非等位遗传因子(Y、y)和(R、r)可以自由组合。众所周知,孟德尔豌豆实验在初高中生物学中有着举足轻重的地位,而该实验可信的理论基础就是伯努利大数定律,这正是概率论在生物统计分析上的应用。

孟德尔与自由组合定律

接下来我们来说说贝叶斯学派。贝叶斯学派认为频率学派说的"随机事件",并不是"事件本身具有某种客观的随机性",而是"观察者不知道事件的结果"。但是在这种情况下,观察者又试图通过观察到的"证据"来推断这一事件的结果,因此只能靠猜。

贝叶斯概率论试图构建一套比较完备的框架,用来描述最能服务于理性推断这一目的的"猜的过程"。在该框架下,同一件事情,对于知情者而言是"确定事件",对于不知情者而言就是"随机事件",随机性并不源于事件本身是否发生,而只是描述观察者对该事件的认知情况。

举个例子来解释一下贝叶斯学派的想法。比如我们掷一枚硬币99次,结果99次都是正面朝上,那么下次掷硬币时正面朝上的概率是多少?从频率学派的角度来看,正面朝上的频率一直在$\frac{1}{2}$左右,也就是说掷硬币正面朝上的概率是$\frac{1}{2}$,刚做的这99次试验只不过是极端的小概率。所以下次掷硬币正面朝上的概率依然是$\frac{1}{2}$。

而贝叶斯学派则不这么想。贝叶斯学派认为,根据已有的信息考虑,这枚硬币很可能并不是一枚正常的硬币,因为正常硬币掷99次几乎不可能次次都正面朝上。如果我们认为这是一枚"特殊"的硬币,根据它之前的表现,下次掷出正面朝上的概率一定很大,接近于1。

这就是贝叶斯学派所认为的:观察者持有某个前置信念,通过观测获得统计证据,通过满足一定条件的逻辑一致,推断出关于该陈述的"合理性",从而得出后置信念来最好地表征观测后的知识状态。

贝叶斯学派计算概率的一个基本工具是贝叶斯公式:

$$P(A|B) = \frac{P(AB)}{P(B)} = \frac{P(B|A) \cdot P(A)}{P(B|A) \cdot P(A) + P(B|\bar{A}) \cdot P(\bar{A})}$$

其中,$P(A|B)$是条件B下事件A发生的概率,也就是所谓的A的后验概率。

$P(B|A)$是条件A下事件B发生的概率,因为得自于A的取值而被称作B的后验概率。

$P(A)$是事件A的先验概率,它与事件B无关。

$P(B|A) \cdot P(A) + P(B|\bar{A}) \cdot P(\bar{A}) = P(B)$,$P(B)$为事件$B$的全概率。

在上面掷硬币的例子里,我们用贝叶斯公式来计算一下正面朝上的概率。因为这枚硬币掷了99次都是正面朝上,所以假设它两面都是一样的问题硬币。我们假设这枚硬币是问题硬币为事件A,连续掷99次都正面朝上为事件B。$P(A)$这个先验概率我们这样来考虑,假定该硬币共有10亿枚。那么因为我们考虑这枚硬币是问题硬币,所以$P(A) \geqslant \frac{1}{10^9}$。如果这是一枚正常的硬币,连续99次正面朝上的概率是$P(B|\bar{A}) = \frac{1}{2^{99}}$。如果这是一枚问题硬币,连续掷99次都是正面朝上的概率是$P(B|A) = 1$。那么根据贝叶斯公式:

$$P(A|B) = \frac{P(B|A) \cdot P(A)}{P(B|A) \cdot P(A) + P(B|\bar{A}) \cdot P(\bar{A})}$$

$$\geqslant \frac{1 \times 10^{-9}}{1 \times 10^{-9} + \frac{1}{2^{99}} \times (1 - 10^{-9})}$$

$$\approx 99.9999999999999999999842\%$$

所以我们可以看到,根据贝叶斯公式,这枚硬币有问题的概率接近于1,这证明了我们的猜测是比较靠谱的。

贝叶斯公式还有一个比较重要的应用就是医学检测中的假阳性。假设某种疾病在所有人群中的感染率是0.1%,医院现有技术对于该疾病检测的准确率为99%,即已知患病情况下,99%的可能性可以检测出阳性,而正常人有99%的可能性检测为正常。在医院给出的检测结果为阳性的条件下,我们用贝叶斯公式计算这个人患病的概率。在这个问题中,我们假设这个人患病为事件A,检测出阳性为事件B。根据题目条件,$P(A)$这个先验概率就是人群中的感染率,也就是0.1%。$P(B|A)$是患病情况下检测出阳性的概率,即99%。$P(\bar{A})$是未患病的概率,即99.9%。$P(B|\bar{A})$是未患病检测出阳性的概率,即1%。我们代入贝叶斯公式:

$$P(A|B) = \frac{P(B|A) \cdot P(A)}{P(B|A) \cdot P(A) + P(B|\bar{A}) \cdot P(\bar{A})}$$

$$= \frac{99\% \times 0.1\%}{99\% \times 0.1\% + 1\% \times 99.9\%} \approx 9.02\%$$

也就是说,患病的概率不到10%。这也告诉我们,如果一种疾病的患病率很低,即使检测出阳性,真正患病的概率其实也不高,不用过于担心。但是从国家的角度来说,通过这种筛查,可以把罕见病的高危患者先筛选出来,再去做进一步的检测,这样可以大大节约成本,提高效率。

最后总结一下,对于概率,有两大主流学派——频率学派和贝叶斯学派,它们对待概率的态度有着显著的区别。

频率学派坚信概率是一个确定的值,可以通过大量重复试验或观测来确定。例如,掷硬币时,正面朝上的概率为 $\frac{1}{2}$,这是由硬币的客观属性决定的,而与具体掷硬币的次数无关。频率学派主张,只有当随机事件发生的频率趋于稳定时,才能赋予它一个确定的概率值。

贝叶斯学派认为,待估计值的概率是随机的变量,而用来估计的数据是确定的常数。贝叶斯学派强调的是个体对未知命题的主观信任程度,而不是依赖于历史数据或重复试验。

在实际应用中,频率学派和贝叶斯学派也有着各自独特的方法和适用场景。频率学派通常根据随机事件发生的频率或总体样本中的个数来赋值概率,这种方法在统计学、经济学、社会科学等领域中应用广泛。例如,在预测股票市场走势时,分析师可能会根据历史数据的统计规律来预测未来的趋势。相比之下,贝叶斯学派则更注重个体对未知命题的主观判断,认为在面对不确定性时,个体的信念或信任程度应当作为赋值概率的主要依据。这种方法在人工智能、机器学习等领域中发挥了重要作用。

7.5

"三门问题"的概率解释

讲了这么多关于概率的内容,最后我们回到"三门问题",看一看这个问题的答案是什么样的。首先我们考虑一个极端的状况,假如现在有100扇门,其中一扇门的后面是汽车,其他99扇门的后面是羊。你选择一扇门后,主持人从剩下的99扇门中打开了98扇,且门后面都是羊。还剩下最后一扇门,你会选择交换吗?这时我们是不是好比较一些了。开始时,我们选中汽车的概率只有$\frac{1}{100}$,现在相当于主持人排除了98个错误答案,好像选择交换的中奖概率更高。当然这更多的是直观的感受。接下来我们用精确的概率计算给大家解释一下。频率学派的解释如下图所示。

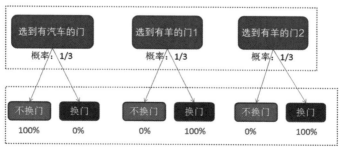

"三门问题"的解释

由此可以看出，如果换门的话，选中汽车的概率是 $\frac{1}{3}+\frac{1}{3}=\frac{2}{3}$，要高于最初的 $\frac{1}{3}$。可是，每次换门还是不换门究竟是不是等可能的？

我们再从贝叶斯学派的角度解释一下。假设一开始就选中汽车为事件 A，主持人打开一扇后面是羊的门为事件 B。$P(A)$ 就是选中汽车的先验概率，即 $\frac{1}{3}$。根据我们的分析，为了节目效果，主持人一定会打开一扇后面是羊的门，所以 $P(B)=1$。同时 $P(B|A)$ 是选中汽车后，主持人选一扇后面是羊的门的概率，也是 1。将这些数据代入贝叶斯公式：

$$P(A|B)=\frac{P(B|A)\cdot P(A)}{P(B|A)\cdot P(A)+P(B|\bar{A})\cdot P(\bar{A})}$$

$$=\frac{P(B|A)\cdot P(A)}{P(B)}=\frac{1\times\frac{1}{3}}{1}=\frac{1}{3}$$

这就是不换门选中汽车的概率。当然，如果换门的话，选中汽车的概率就是 $\frac{2}{3}$。无论哪种解释，在"三门问题"中，选择换门都能提高中奖的概率。

然而，如果我们认为主持人是随机选中一扇门打开的，那么主持人打开一扇后面是羊的门的概率 $P(B)=\frac{1}{3}\times1+\frac{2}{3}\times\frac{1}{2}=\frac{2}{3}$，这时代入贝叶斯公式：

$$P(A|B)=\frac{P(B|A)\cdot P(A)}{P(B|A)\cdot P(A)+P(B|\bar{A})\cdot P(\bar{A})}$$

$$=\frac{P(B|A)\cdot P(A)}{P(B)}=\frac{1\times\frac{1}{3}}{\frac{2}{3}}=\frac{1}{2}$$

也就是说,不换门选中汽车的概率是$\frac{1}{2}$,换门之后选中的概率依然是$\frac{1}{2}$。换门和不换门选中汽车的概率是一样的。

我们通过"三门问题"给大家介绍了概率的起源。在生活的每个角落,概率都悄无声息地发挥着作用。它像一位神秘的先知,用数字和公式揭示着未来的可能性。想象一下,当面对一个重要的决策时,你是否曾感到迷茫和不安? 概率能为你提供宝贵的参考,帮助你做出更明智的选择。它可以告诉我们,在相似的情况下,事情发生的可能性有多大。这就像拥有了一个指南针,让我们在未知的海洋中找到方向。

概率不仅是一个数学概念,它还是一种思维方式。通过概率,我们可以更客观地看待世界,更理性地分析问题。它教会我们接受不确定性,并学会在不确定中寻找确定性。

在投资领域,投资者通过分析历史数据和趋势,运用概率思维来预测未来的市场走势。这让他们能够在风险和机会之间找到更好的平衡点。

在医学领域,概率更是关乎性命。通过对大量病例的研究和分析,医生能够根据概率来诊断疾病,制订治疗方案。这为患者带来了更大的生存希望。

在日常生活中,概率也无处不在。无论是天气预报、彩票游戏还是交通出行,我们都在不知不觉中运用着概率的知识。掌握概率,就等于掌握了一种强大的工具。让我们拥抱概率,用它来揭示未知,预见未来。

第8章

赌徒必输定律
——概率的应用

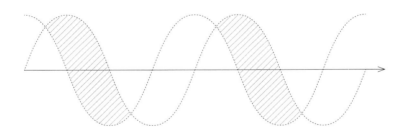

- 赌博是否有必胜的方法?
- 什么是赌徒必输定律?
- 我们对概率的认识容易犯什么错误?
- 让我们常胜不败的凯利公式如何应用?

8.1

必胜方法与必输定律

上一章介绍了概率论的研究始于赌博游戏,并用概率来研究最后的赌金分配问题。进一步地,我们希望通过概率,让我们在游戏中战无不胜。下面以一个小游戏为例,看看这样的必胜方法是否存在。比如两个人玩猜硬币正反的游戏,一个人掷硬币,另外一个人猜正反,每人每局下注相同的筹码,猜对的话,筹码全归猜的人,反之全归掷硬币的人。如果我作为猜的人,我会考虑这样的下注方法:第一局下注1元,如果赢了,就赢了1元,然后继续下注1元;如果输了,第二局就下注2元。如果第一局输了,而第二局赢了,则第一局输1元,第二局赢2元,两局下来一共赢1元,然后下一局继续下注1元。如果第一局和第二局都输了,第三局就下注4元,当第三局赢了,则这3局总共赢了1元。如果前三局都输了,则下一局下注8元……总之,赢了就从1元开始下注,输了就把上一局的下注金额加倍。这就是著名的倍投理论。听起来很完美,但实际上并不是那么回事。很多赌徒就是抱着这样的想法才输得精光。这个理论默认的前提是,每次输完之后,都能拿出加倍的钱来下注,否则就输光了自己的筹码,无法继续下去。有人可能觉得,1元、2元、4元……这样的赌注也不多啊?那就大大低估了指数增长的威力。如果连输10局,就输了$1 + 2 + 4 + \cdots + 2^9 = 1023$元,而下一局你将要下注$2^{10} = 1024$元。有人可能会觉得1000多元并不多,但我们是按1元下注来计算的。如果最小赌注是

10元、100元,甚至1000元呢?连输10局之后,在下一局将要下注10240元、102400元和1024000元,这样还少吗?在现实中,很多人因为支付不起后期高额的赌注而不得不认赔出局。理论上的必胜策略却是现实中的"绞刑架"。

倍投策略示意

局数	投注	总投注	获胜收益	总收益
第一局	1	1	2	1
第二局	2	3	4	1
第三局	4	7	8	1
第四局	8	15	16	1
第五局	16	31	32	1
…	…	…	…	1
第十局	512	1023	1024	1

这个必胜策略不仅无法在实际中奏效,往往还会引发另一个极端情况,那就是——赌徒必输定律。我们在研究赌博游戏时,关注点往往是获胜的概率是多少、怎样才能提高获胜的概率等。其实跟胜负有关的另一个关键因素是游戏双方携带了多少筹码。毕竟赌博游戏有一个潜规则——一方输光,游戏就结束了。

比如你和另一个人进行赌博游戏,每局下注1元,赢的人获得下注的所有筹码。你携带1元参加,对方携带100元参加,那么最终是你赢得对方所有筹码的可能性大,还是对方赢得你所有筹码的可能性大?答案显而易见地是后者。用通俗的语言来解释就是,筹码越少,容错率越低,输了之后反败为胜的机会越小。反之,筹码越多,容错率越高,即使前面输了,后面也有很大的机会逆转。跟赌场相比,赌徒就是那个带着极少筹码的人,而赌场相对于赌徒而言,可以看成有无限的筹码。

在这种情况下,我们来推导一下"赌徒必输定律"。假设赌徒参与赌博的初始资金为 n,每赢一局赌资增加1,每输一局赌资减少1,每局输、赢的概率均为 $\frac{1}{2}$。在这样的条件下,赌徒输光赌资的概率是多少? 假设 P_n 表示赌徒赌资为 n 时输光的概率,那么 $P_0 = 1$,也就是赌徒没钱的时候一定输了,并且 P_n 满足: $P_n = \frac{1}{2}P_{n-1} + \frac{1}{2}P_{n+1}$。这个式子的含义是,当赌徒赌资为 n 时,若再赌一局,有 $\frac{1}{2}$ 的可能性赢,赌资变为 $n+1$;有 $\frac{1}{2}$ 的可能性输,赌资变为 $n-1$。我们把上面的式子做两步变形,就得到:

$$2P_n = P_{n-1} + P_{n+1}$$

$$P_n - P_{n-1} = P_{n+1} - P_n$$

可以看出, P_n 这个数列是相邻两项之差相等的等差数列。已知 $P_0 = 1$,只要再找出这个数列中的一项就可以确定这个数列。假设赌徒认为把赌资赢到 m 就不赌了,也就不会输,这时我们认为 $P_m = 0$,即输光的概率为0。那么这个等差数列的公差 $d = \frac{P_m - P_0}{m - 0} = -\frac{1}{m}$。由此可知, $P_n = P_0 + nd = \frac{m-n}{m}$。用具体的例子来说,如果赌徒的初始赌资为100,想赢到150,代入公式,就可以得到输光的概率: $\frac{150-100}{150} = \frac{1}{3}$,即有 $\frac{1}{3}$ 的概率输光,有 $\frac{2}{3}$ 的概率赢到150,然后离场。如果赌徒贪心一点,打算将初始赌资赢到翻倍,那么他输光的概率就上升到了 $\frac{200-100}{200} = \frac{1}{2}$。如果赌徒抱着以小博大的心态,希望赢到赌资的10倍,那他输光的概率是 $\frac{1000-100}{1000} = \frac{9}{10}$。如果这个赌徒想一直赢下去,也就是 m 的取值趋向于正无穷,那这时 $P_n = \dfrac{m-n}{m}$ 就趋向于1,他输光的概率是1。这就是"赌徒必输定律"。

　　从另一个角度来看,如果赌徒选择赌到输光为止,那么赌徒的赌资 n 相对于赌场的资金 m 来说是很小的,这时赌徒输光的概率 $P_n = \dfrac{m-n}{m}$ 也会接近于1。有的人可能会说,如果一个人比赌场还富呢？放心,这样的情况赌场早就考虑到了,赌场会限定每场的下注,使赌徒无法发挥赌资多的优势去实行倍投策略。

8.2

看得到的是概率,看不到的是陷阱

"赌徒必输定律"告诉我们,赌徒越贪心,往往输得越惨。可是从赌徒自身来说,他们认为赌输了只是运气不好。《孤注一掷》这部电影开头有一句话:"你们以为对赌的是庄家,其实真正的对手是狄利克雷、伯努利、高斯、纳什、凯利这些数学大师。"赌徒们以为他们在与赌场斗争,与运气斗争,甚至与概率斗争,实际上他们是在与数学家及他们发现的数学规律斗争。有的赌徒认为,掌握了概率就可以驰骋赌场,战无不胜。对于赌徒来说,看得到的可能是概率,而看不到的是陷阱。真正让赌场立于不败之地的是数学规律,是各种规则。

狄利克雷 　　　　高斯

给大家讲一讲赌场中的陷阱。

首先是赌徒和赌场地位的不平等。通过"赌徒必输定律"我们可以看到,哪怕是掷骰子比大小这样的公平游戏,因为赌场的资金相对于赌徒的资金来说几乎是无限的,所以只要赌徒一直赌下去,必然会输光。赌场还会通过单局的下注上限来限制赌徒利用小概率事件反败为胜。所以可以看到,赌场根本没有必要采取作弊的手段去获利,即使是公平游戏,赌场也可以利用自己的优势地位获利。

其次,赌场中的大多数游戏本质上都是不公平的。例如,掷骰子比大小,掷的是 3 个骰子,点数和可能从 3 到 18,总共 16 个数。出现点数和为 3～10 算小,11～18 算大,猜中了能赢得自己下注两倍的赌金,也就是赔率是

掷骰子比大小

2。大家可能会说,出大出小的概率都是 $\frac{1}{2}$,猜中的话,赌金翻倍,这难道不是一个公平的游戏吗?

殊不知,这个游戏有一个特殊规则,叫作"豹子通吃"。所谓"豹子",是指 3 个骰子掷出相同的点数。"豹子通吃"指的是如果出现"豹子",无论猜大猜小,都算庄家赢。而出现"豹子"的概率有 $\frac{1}{36}$,所以玩家真正获胜的概率低于 $\frac{1}{2}$。由此可知,这个游戏不是公平游戏。

在赌场中还会见到俄罗斯轮盘。这个轮盘上有 0～36 这 37 个数字,可以任意押一个数字,如果押中就能赢得自己下注 36 倍的本金。也可以按颜色来下注。1～36 中有 18 个数字是红色的,其余 18 个数字是黑色的,0 是绿色的。若押中任何一种颜色都会赢得下注 2 倍的赌金。不公平在哪里,看出来了吗? 由于有了特殊的 0,押中每个数字的概率是 $\frac{1}{37}$,也因为绿色的 0 的存在,押中红色或黑色的概率不到 $\frac{1}{2}$,所以这也是一个不公平的游戏。

俄罗斯轮盘

除此之外,像赌场里的老虎机、百家乐等游戏都是非公平游戏。这些非公平游戏在规则上就决定了,你只要一直赌下去,只有输光这种结果。

可见,赌场为赌徒设下了种种陷阱,而赌徒往往认为了解了概率,就掌握了必胜的法宝。殊不知,只有不赌才是赢。

赌徒谬误

前面讲到的是客观上赌徒要面对的陷阱,但很多赌徒明知前面是"雷池",还要一往无前,这很大程度上是出于内心的盲目自信,以及对概率的错误理解。这就是赌徒谬误。

比如我们来玩一个比大小的游戏。如果连续10局的结果都是小,那么下一次的结果更可能是大还是小?

又如,我们来掷硬币,现在在已经连续10次都是正面朝上,那么下一次的结果更可能出现反面朝上还是正面朝上?

再如,一位妇女连续生了5个男孩,那下一次生下的孩子更可能是女孩还是男孩?

如果你对以上3个问题的回答都是前者,那么你就陷入了赌徒谬误。

你可能会觉得概率上不是有大数定律吗? 大量重复某一试验,最终的频率必将无限接近于概率。上面3个问题出现每种情况的概率都是 $\frac{1}{2}$,某种情况一直出现,根据大数定律,往下做试验应该是另一种情况出现的可能性更大。这样你就真的误解"大数定律"中"大数"的含义了。当年数学家们为了验证"大数定律"去掷硬币,少的掷了几百次,多的掷了上万次甚至十几万次。上面3个问题里的次数真的算不上"大数",虽然连续出现一种情况的可能性不大,但是别忘了概率中还有一句话——小概率事件在足够长的时间内、足够多的试验下也会出现。

赌徒谬误

产生赌徒谬误的另一个原因是我们认为随机事件的结果在某种程度上蕴含了自相关的关系。也就是说,我们认为随机事件发生的概率和没有发生的概率是有关系的。或者说,我们人类在认识世界时有一种倾向,就是将历史上发生的事情作为判断的依据,即根据历史上某件事发生的频率来预言该事件未来发生的可能性。把未知事件和已知事件建立联系,实质上就是我们学习的过程。但是随机性和独立性在一定程度上是反直觉的。连续掷硬币,无论之前的结果是什么样的,下一次掷的结果是一个独立事件,与之前的结果并没有关系。

赌徒谬误不仅仅是赌徒会犯的错误。比如说,在战场上,有人认为遭到敌人炮击时,躲进弹坑是安全的,因为被炸过的地方再被炸的可能性很小。这显然是赌徒谬误。再如,有人认为买彩票每次选择不同的号码能提高中奖的概率,或者研究彩票的获奖历史数据就可以得到彩票中奖的规律,从而更容易中奖。但彩票每次开奖都是独立事件,所以这也是赌徒谬误。

还有一个笑话:一位数学家每次坐飞机都要带一枚不会爆炸的假炸弹,因为他认为,飞机上出现炸弹的可能性很低,而同时出现两枚炸弹的概率更低。所以这样能提高坐飞机的安全性。

在生活中,我们经常遇到和赌徒谬误类似的现象——"热手效应"。这来源于篮球运动。如果一位篮球运动员手感极佳,连续投篮命中,我们就会说他的"手热"了,并且相信他的下一投也会命中。

NBA的篮球明星斯蒂芬·库里在2013年2月28日对战尼克斯的比赛中,他手感"爆棚",拥有了"热手",28投18中,三分球13投11中,在整场比赛中拿到了54的高分。在这场比赛中,他展现了非凡的三分投射能力。库里事后都对自己当时的表现感到难以置信,他感觉自己浑身都变热了,像着火了一样热血沸腾,像吃了灵丹妙药般相信自己一定能投中下一个球。虽然很多球员都有过类似的体验,但是"热手效应"的验证过程并不顺利。

1985年,康奈大学的心理学教授们对NBA真实数据进行分析后发现,即使连续命中3球,下一球的命中率也并没有显著提高。所以,他们得出"热手效应并不存在"的结论,并发表了一篇论文,文中把热手效应定义成了一种认知错误。2012—2013赛季,NBA引入新的数据统计系统,对更多球员的三分球出手数据进行统计后发现,当前投篮之前的4次投篮中,每多命中1球,将使这次投篮的命中率提高1.2%左右。这表明在统计学上,热手效应的存在性并不显著,或者说不能证明热手效应是存在的。

"赌徒谬误"和"热手效应"一样,大多是一种错误的心理暗示和认知。我们应该怎样在生活中尽量避免赌徒谬误呢?

首先,我们要尽量有客观标准,独立判断。当评价一件事时,如果不自觉地想到了之前发生的且本质上与这件事无关的事情时,我们应该停下来反思一下。

其次,要尽量排除外界的干扰,合理地去归因。比如电影《战狼2》和

《芳华》同年上映，当时电影院的销售数据表明，看《战狼2》的观众购买冰镇可乐的占比更大；看《芳华》的观众购买奶茶的占比更大。有人就说了，喜欢看《战狼2》的都是内心热血沸腾的人，而喜欢看《芳华》的人大多是温柔细腻的人。这个结论听起来很有道理，但如果再提供另一个事实，大家估计就不会这么想了。《战狼2》当年的上映时间是7月，而《芳华》的上映时间是12月。这样我们就可以看到，上面的结论更像是我们强行将两个无关的事情建立起了因果关系，而忽略了饮料销量与气温、天气等相关的事实。

8.4

制胜的秘诀——凯利公式

有些人可能想知道,对于很多不确定的游戏或随机事件而言,我们真的无能为力吗?概率上有没有什么办法能够让我们在这些随机事件中稍有优势?在回答这个问题之前,我们先来考虑另一个问题:赌博和投资有什么区别?这两者相似的地方有很多,比如都要投入金钱,都需要技术,也都需要概率,还都是为了赚钱。但两者也有区别:赌博本质上是一个"零和博弈",你如果赚了多少钱,相应地一定有人输多少钱,而投资的收益主要来源于资产价值的增长、分红、利息等,这些收益往往与经济的发展和社会的进步密切相关。这也就是为什么赌博在我国被认为是违法行为,而投资是被鼓励的行为。

因为赌博和投资都与概率有关,所以数学家在研究赌博游戏中得到的一些概率结论也可以应用在投资上。其中非常著名的一个结论就是号称赌场制胜秘诀的——凯利公式。

有一部凯文·史派西主演的电影——《决胜21点》。其中,凯文·史派西饰演的是一位麻省理工的数学教授,他和他精心挑选的学生们组成了一个"特殊团队",专门研究赌场上风行的"21点"游戏。他们利用高超的数学知识,在赌场上所向披靡。但这个团队也被赌场调查人员盯上,并对他们展开了追踪和调查。最终这个团队登上了拉斯维加斯的"黑名单",被赌场永远拒之门外。这部电影改编自小说《攻陷拉斯维加斯》,同时有一定的现实背景。

　　1955 年，美国有一个答题类的综艺节目，名字叫《64000 美元的问题》。嘉宾在节目中通过不断答对问题来累积奖金，如果全答对了就能赢得 64000 美元的大奖。有人就节目中的嘉宾能答对几道题设赌局。由于当时的技术有限，这个节目在美国的东海岸是直播，在西海岸是录播。所以有人就在东海岸看直播，打电话给西海岸的朋友，告诉他答题的结果，从而去下注。

　　这跟凯利公式又有什么关系呢？当时的电话传输信号并不像现在这样好，很多信息传递得并不是很准确。这时 AT&T 贝尔实验室物理学家约翰·拉里·凯利就研究了一位赌徒在提前知道内部消息，但内部消息不一定准确的情况下，如何在赌局中建立优势。

　　1956 年，凯利发表了凯利公式。数学家爱德华·索普看到这个公式后如获至宝，在这个公式的基础上深入研究，写了一篇《"二十一点"的优选策略》的数学论文。索普不仅写了论文，还把理论付诸实践，亲自到赌场验证这套方法。他用这套方法横扫各大赌场，以致各地赌场纷纷将其拉入黑名单。

　　究竟什么是凯利公式呢？凯利公式的思路很简单，就是在投资时，如果盈利的可能性比较大，那就多投钱；如果盈利的可能性较低，就观望或少投钱。是不是很简单明了？那应该怎样根据盈利概率去确定具体的投资额呢？这就是凯利公式告诉我们的。

　　凯利公式是：

$$f = \frac{bp - q}{b}$$

　　其中，f 是应投资的资金比例；p 为投资成功的概率；q 为投资失败的概率，即 $1 - p$；b 为赔率，也就是可能盈利与可能亏损的比值，即盈亏比。

　　我们举一个例子来说明凯利公式该如何应用。比如有一笔资金，成功

的话回报率为100%,失败的话损失全部本金,投资的成功率为50%。也就是赔率$b = 2$,成功的概率$p = 0.5$,失败的概率$q = 0.5$。代入凯利公式得:

$$f = \frac{2 \times 0.5 - 0.5}{2} = 0.25$$

也就是说,应该拿出$\frac{1}{4}$的资金去投资,这样可能的获利更大。

根据凯利公式,我们能得到一些启示。

第一,只有当$p = 1$,即$q = 0$时,$f = 1$。也就是说,有百分之百的把握盈利时,你才应该满仓投入。

第二,当$bp - q = 0$时,这是一个公平游戏,不应该投入任何资金。

第三,当$bp - q < 0$时,这是一个不公平游戏,你没有任何优势,也不该投入任何资金。

第四,当$bp - q > 0$时,我们可以按照凯利公式投资,这时盈利最大,风险最小。

我们可以看到,凯利公式可以用来指导我们投资盈利,避免亏损。在股票投资中,投资者可以使用凯利公式来计算每次交易中应投入的资金比例。例如,如果一个投资者认为某只股票的价格被低估了,他可以使用凯利公式来计算应该买入多少股票。同样地,如果一个投资者认为某只股票的价格被高估了,他可以使用凯利公式来计算应该卖出多少股票。

本章介绍了"赌徒必输定律",这告诉我们赌博的风险是不可避免的。在赌博中,虽然有时候会赢,但从长期来看,赌徒输光是必然的。同时也启示我们要理性对待生活中的各种风险。生活中充满了不确定性,人们应该通过理性分析和决策来应对各种风险,而不是寄希望于运气或侥幸。希望大家能够真正理解概率的含义,也真正记住我们所讲的,只有不赌才是真的赢。

第9章

海岸线究竟有多长
——分形与混沌

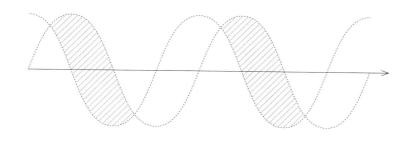

- 海岸线的长度能测出来吗?
- 为什么会有分数维度?
- 大名鼎鼎的"蝴蝶效应"究竟是什么?

9.1

神奇的分形曲线

目前我们国家的陆地总面积约 960 万平方千米,陆地边界长度约 2.2 万千米,大陆海岸线长度约 1.8 万千米。不知道看到这些数据后,你是否有一种骄傲之情油然而生? 你是否想过,这些数据是怎样测量出来的? 这些数据准确吗?

英国科学家刘易斯·弗赖伊·理查森在研究欧洲各个国家的国境线情况时,查阅了欧洲很多国家的百科全书,发现很多邻国对公共边界的测量结果并不相同。

这个差距是怎么产生的呢? 针对这个问题,法国数学家曼德勃罗于 1967 年在美国权威杂志《科学》上发表了文章《英国的海岸线有多长》。他认为测量结果差异较大是因为海岸线形状不规则及用来测量的尺子大小不一。如果我们用比较大的尺子测量,在测量时,小于尺子长度的弯曲部分会被我们忽略。如果我们用小一点的尺子来测量,中间忽略的细节会少一点,最后的测量结果就会长一点。

曼德勃罗发现,当我们用的尺子无限小时,测出来的海岸线长甚至可以是无穷大。因为这时会发现大的半岛上有小的半岛;大的海湾内有小的海湾;大石头旁有小石头;小石头旁有小沙粒。测量的尺子越小,测的长度就越多。这和我们一般见到的几何图形的性质是不一样的。回想一下前面讲的"割圆术":我们把圆内接正多边形的边数取得越大,边长就越短,周长就

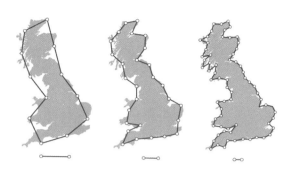

用不同尺子测量英国海岸线的长度

越接近圆的周长。我们可以把圆内接正多边形的边看成尺子,"割圆术"中圆的周长就是尺子的长度趋向于0时测出来的圆内接正多边形的周长。而曼德勃罗的结果是尺子长度趋向于0时,海岸线的长度会趋向于无穷大。这是为什么呢？我们先给大家介绍一种神奇的曲线——科赫曲线。

1904年,瑞典数学家海里格·冯·科赫构造了一种曲线,叫作科赫曲线。这个曲线是如何构造出来的？先取一段线段,删掉中间的 $\frac{1}{3}$,再以删掉的地方为底向外作一个正三角形；删掉正三角形的底边,然后在得到的图形中对每条线段进行相同的操作。一直这样做下去,我们就得到了一条形状像雪花一样的曲线,这就是科赫曲线。这种曲线和我们原来见到的几何图形有很大的不同。

首先,这条曲线围成的面积是有限的。这点很显然,因为这条曲线可以完全画在这张纸上。

接下来我们看一下科赫曲线的长

科赫曲线

度。假设初始线段长为 1，操作完一次之后变成了 4 条线段，每条线段长是 $\frac{1}{3}$，那么线段总长度变为 $\frac{4}{3}$。由此可知，每次操作后，曲线中原来的每条线段都被分成了 4 条线段，新分出来的线段长度为原来的 $\frac{1}{3}$，所以曲线的总长度变成了原来的 $\frac{4}{3}$。操作 n 次后，曲线总长度就变成了 $\left(\frac{4}{3}\right)^{n}$，当 n 趋向于正无穷时，曲线的总长度趋向于正无穷。

这与海岸线的长度有什么关系吗？如果用尺子测量这条科赫曲线的长度，当我们用长度是 1 的尺子测量时，小于 1 的长度会被我们忽略，所以测出来曲线的总长度为 1；当我们用长度是 $\frac{1}{3}$ 的尺子来测量时，小于 $\frac{1}{3}$ 的长度会被我们忽略，所以测出来曲线的总长度是 $\frac{4}{3}$；当我们用长度为 $\frac{1}{9}$ 的尺子来测量时，小于 $\frac{1}{9}$ 的长度会被我们忽略，所以测出来曲线的总长度是 $\frac{16}{9}$……我们用的尺子的长度越小，测出来曲线的总长度就越大。当尺子的长度趋向于 0 时，测得的曲线长度就会趋向于无穷大。这不就与海岸线长度的测量是一个道理吗？

为什么海岸线和科赫曲线有这么相似的性质呢？这是因为它们有一个共同的特点——"自相似性"。科赫曲线自身任何一个局部，放大后都和整体非常相似；曼德勃罗认为海岸线本身很不规则，不能用函数表达出来，而且海岸线在各种不同尺度上都有同样程度的不规则形，并且海岸线的部分和整体很相似。

事实上，客观世界中的很多图形都和海岸线一样，不规则又有自相似的特性，比如下雨区域的边界、蚂蚁爬过的路线、血管的结构等。同时很多空间图形也有这样的性质，比如云不是规则的球体或椭球体，地面上的山也不是圆锥体。为了研究这种跟传统几何学不太一样的图形,曼德勃罗创立了一个新的数学分支——分形几何。

除了科赫曲线,数学上还有很多美妙的分形图形。其中一种著名的分形图形就是曼德勃罗集。这个图形是在复平面上用迭代构造出来的。把曼德勃罗集局部放大可以发现,该局部和整体有自相似性。

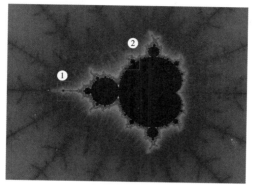

曼德勃罗集

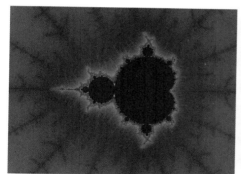

框①部分放大后的效果

框②部分放大后的效果

康托尔三分集也是一种分形图形。它是数学上的一类分形集合,由德国数学家康托尔在19世纪末构造的。该集合是通过将一条长度为1的直线段进行三等分,去掉中间的一段,再将剩下的两段三等分,以此类推,直至无穷。这样得到的是一个离散的点集,这些点集在极限情况下形成了一个不可数的无穷集。这些点有着无穷的数量,但它们合起来的长度趋向于0。

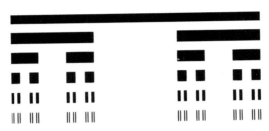

康托尔三分集

还有一种分形图形——谢尔宾斯基三角形。1915年,波兰数学家谢尔宾斯基构造出了谢尔宾斯基三角形。这种图形是以一个正三角形为基础,通过以下步骤构造的:

第一步,取正三角形三边的中点,将它们相连,从而将正三角形变成4个小三角形;

第二步,将中间的小三角形去掉,保留剩下的3个小三角形;

第三步,在3个小三角形中重复第一步和第二步的操作。

这样就得到了谢尔宾斯基三角形。

谢尔宾斯基三角形

从谢尔宾斯基三角形构造的过程可以看出:每次操作后,图形的周长变成了原来的 $\frac{3}{2}$,而面积变成了原来的 $\frac{3}{4}$。如果无限地操作下去,这个图形的周长会趋向于无穷大,面积却会趋向于0。也就是说,这个图形最终拥有无限的周长却不占任何面积。神奇不? 这就是分形图形的特殊性质。那么分形图形与一般几何图形的本质区别是什么呢? 这就要从空间维度中寻找答案了。

➗9.2

从整数维度到分数维度

　　我们知道,平时所说的平面是二维的,空间是三维的,那么这个二维、三维在数学上的精确含义是什么呢? 在数学上,维度有很多种定义。其中一种是利用确定空间中一点的位置需要知道几个信息来确定的。比如数轴上的点对应所有实数,也就是说一个实数就确定了点在数轴上的位置,即我们可以把数轴所在的直线定义成一个一维的空间。我们知道,想在平面上确定一个点的位置,可以建立平面直角坐标系。这样每个有序实数对(x,y)就唯一确定平面上一点的位置,所以我们说平面是一个二维的空间。同理,我们在空间可以建立空间直角坐标系,利用点在3个坐标轴正向上的投影对应的一组有序实数组(x,y,z)就可以唯一确定这个点在空间中的位置,所以我们说空间是三维的。从数学上来说,我们也可以把维度看作空间中最大的线性无关向量组中向量的个数。

　　从另一个角度来看,我们可以通过图形的伸缩变换来确定空间的维度。比如一条线段,我们把它放大2倍,那么它就包含了2个原来的图形。如果我们把平面上的正方形边长放大为原来的2倍,你会发现它包含了4个原来的图形。如果我们把一个空间里的立方体边长放大为原来的2倍,这时就需要8个原来那么大的立方体才能组成新的立方体。所以我们可以从这一点出发来定义图形的维度。

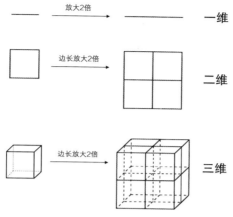

用线、面、体的放大来解释图形的维度

假设图形的维度为 d,图形的放大倍数为 a,新图形包含原来图形的个数为 b,那么这3个数满足关系: $a^d = b$,或者 $d = log_a b = \dfrac{\ln b}{\ln a}$。这样定义的维度叫作豪斯多夫维。对于线段来说, $a = 2$, $b = 2$,所以 $d = 1$,即线段是一维图形。对于正方形来说, $a = 2$, $b = 4$,所以 $d = 2$,也就是说正方形是二维图形。而对于立方体来说, $a = 2$, $b = 8$,所以 $d = 3$,即立方体是三维图形。

简单总结一下,豪斯多夫维是指如果一个图形的维度是 d,那么我们把这个图形扩大 a 倍,这个图形将变成原来图形的 a^d 倍。

下面用这个维度的定义来看一下刚才提到的分形图形的维度。

我们先来看一下科赫曲线。如果我们把图形放大到原来的3倍,它就包含了4段原来的曲线。用豪斯多夫维的定义可以得到,科赫曲线的维度 $d = \dfrac{\ln 4}{\ln 3} \approx 1.26$。这和我们一般的认

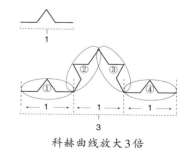

科赫曲线放大3倍

知是有很大偏差的,因为我们以为维度是整数。

在康托尔三分集中,我们把图形放大到原来的3倍后,它就包含2段原来的线段。利用豪斯多夫维的定义,我们可以得到,康托尔三分集的维度 $d = \dfrac{\ln 2}{\ln 3} \approx 0.63$。因为只有二维图形才有面积,所以康托尔三分集中所有点的长度之和趋向于0是合理的。

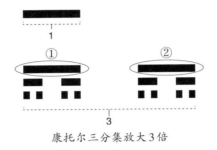

康托尔三分集放大3倍

再来看一看谢尔宾斯基三角形。我们把图形放大到原来的2倍,它包含了3个原来的图形。根据豪斯多夫维的定义,我们可以得到,谢尔宾斯基三角形的维度 $d = \dfrac{\ln 3}{\ln 2} \approx 1.58$。因为不到二维,所以谢尔宾斯基三角形的面积趋向于0也是对的。

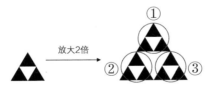

谢尔宾斯基三角形放大2倍

上面分形图形的维度都是分数,它们都是分数维度的图形。有人可能要问了,这种分数维度在实际中有意义吗?其实现实中大多数的图形更像是分形图形。我们常见的一些蔬菜也具有分形特征,比如罗马花椰菜。目前数学家们也研究出了很多自然界中分形图形的维度。比如海岸线的维度在1～1.5;河流水系的维度在1.1～1.85;云的维度是1.35;我们人类肺的维度是2.17,大脑褶皱的维度在2.73~2.79。

罗马花椰菜的分形

豪斯多夫维的定义为研究分形提供了一个新的思路,让我们知道在整数维度之外,还存在着分数维度。

9.3

什么是混沌

　　我们第一次听到"混沌"这个词也许是在盘古开天地这个故事里。其中的"混沌"描述的是宇宙初开时的景象,主要指的是混乱、无序的状态。而数学里面的"混沌"指的是在一个确定的系统中,因为对初始值的敏感性而表现出来的难以预测、类似随机性的特征。前面讲的分形是现实中我们原以为简单的几何图形显现出了复杂的性质,而接下来要讲的混沌就是在原以为确定的系统中出现了超出预期的复杂的变化过程。

　　其实生活中的混沌现象有很多。比如把一片树叶放到小溪中,观察并记录它的运动状态。然后把另一片几乎一样的树叶用同样的方式放入小溪中,再次观察并记录它的运动状态。从两次记录中可以发现,刚开始时,两片树叶的运动很相似。但漂得越远,两片树叶的运动轨迹差别越大。这是因为不存在两片完全相同的树叶,我们也不可能把两片树叶放到完全相同的位置。初始的小小差别,最后会产生截然不同的结果。

　　产生混沌现象的经典例子是逻辑斯蒂映射。逻辑斯蒂映射与生物种群数量的数学模型相关。

　　在现实环境中,我们认为在一段时间内生物种群数量变化服从函数关系$f(x) = ax - bx^2$,其中x表示当前的种群数量,a、b是结合生物种群随时间变化图像拟合出的系数,$f(x)$表示一段时间后的种群数量。假设x_n是某时刻的生物种群数量,x_{n+1}是下一时刻的生物种群数量,那么通过递

推关系 $x_{n+1} = f(x_n)$，我们可以得到一段时间内生物种群数量的变化。为了便于计算，令 $a = b = k$，则 $f(x) = kx - kx^2 = kx(1-x)$，我们把这个对应关系叫作逻辑斯蒂映射。

我们来研究一下逻辑斯蒂映射的性质。把种群数量可能的最大值作为单位 1，这样 x 的取值范围就是 0 到 1 之间。当 x 的取值在 0 到 1 之间时，$x(1-x)$ 的取值是在 0 到 $\frac{1}{4}$。所以，只要 k 的取值范围在 0 到 4 之间，$f(x) = kx(1-x)$ 的取值也会在 0 到 1 之间。这样的话，递推关系 $x_{n+1} = f(x_n)$ 在取定了初始值 x_0 之后，就可以一直迭代下去。

接下来我们看看 k 的不同取值对逻辑斯蒂映射有什么影响。当 k 的取值比较小时，经过若干次的迭代，结果总是趋向于一个固定的值，这个值与 x_0 的选取无关。比如我们取 $k = 2$，$x_0 = 0.5$，代入 $f(x) = kx(1-x)$ 及 $x_{n+1} = f(x_n)$ 后可以发现 $x_1 = x_2 = x_3 = \cdots = 0.5$，算出的 x_n 一直稳定在 0.5。如果取 $x_0 = 0.2$，就有 $x_1 = 0.32$，$x_2 = 0.4352$，$x_3 = 0.49160192$，$x_4 = 0.4998589445046272$，我们可以发现 x_n 依然越来越接近 0.5。

但是如果我们把 k 的值取得大一点，奇怪的事情就发生了。当 $k = 3.1$ 时，不管 x_0 的取值是多少，经过多次迭代，最后的取值都会在 0.76 和 0.56 两个值之间周期振荡；如果 k 取 3.4 到 3.5 之间的某个值时，迭代结果变成了在 4 个值之间周期振荡；当 k 大于 3.544 时，结果变成了在 8 个值之间周期振荡……我们把这种现象叫作倍周期分岔现象。当我们自认为了解了这个迭代的规律时，更神奇的现象出现了。当 k 的取值越来越大时，系统变得越来越复杂。当 $k \approx 3.5699$ 时，整个系统变得极为复杂，迭代也不再趋于稳定，而且迭代结果对初始值的选取极端敏感。下图的横坐标是逻辑斯蒂映射中 k 的取值，纵坐标是最终迭代结果 x 的取值。

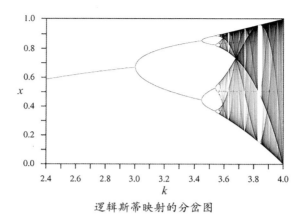

逻辑斯蒂映射的分岔图

　　我们可以看到,当 k 大于某个特定值时,迭代结果便不再有规律了,出现了混沌的状态。在这个模型中,逻辑斯蒂映射是一个确定的函数,我们根据确定的数学规律却产生了类似随机,看起来很混乱,并且对初始值的选取极端敏感,这就是数学上所说的"混沌"。

✚÷= 9.4

"蝴蝶效应"与三体问题

美国气象学家洛伦兹在天气预报的研究中发现了"蝴蝶效应",这是混沌认识过程中的一个里程碑。

洛伦兹很小的时候就喜欢科学,后来从事气象研究工作。在麻省理工学院,他操作着一台当时比较先进的工具——计算机,进行天气模拟。依据典型的数学思想,洛伦兹将一大批天气的规律简化成了一个微分方程组,然后用计算机做计算,观察这个系统的演化行为。最终他有了一个惊人的发现。

1961年的一天,在完成了一系列数据计算后,洛伦兹决定再算一遍,但他没有从头算起,走了捷径,从中途开始进行第二次计算,并把前面输出的中间结果作为初始值输入。在新一轮的计算中,因为程序并没有变,按理来说应当重复第一次计算的后部分结果,但当他看到输出结果后目瞪口呆。他计算出来的结果与第一次的结果大相径庭。经检查发现,问题出在输入中间结果作为初始值上,他将原来的0.506127省略为0.506。也就是说,第一次计算时用0.506127,而第二次用0.506作为初始值。他以为这小小的误差对结果不会有什么影响,但第二次计算出的结果表明,气候的演变对初始条件极为敏感。洛伦兹形象地将这个结论称为蝴蝶效应:一只南美洲亚马孙河流域热带雨林中的蝴蝶,偶尔扇动几下翅膀,可以在两周以后引起美国得克萨斯州的一场龙卷风。

从那以后，蝴蝶效应成了动力学系统长期行为对初始条件敏感依赖性的一种通俗说法。我们也用蝴蝶效应来比喻一个微小的变化可能会引发巨大的连锁反应。在洛伦兹的这一发现之后，混沌学的研究开始蓬勃发展。洛伦兹也因此被誉为"混沌理论之父"。

跟混沌相关的另一个经典问题就是三体问题。得益于刘慈欣的科幻小说《三体》，大家可能对三体问题并不陌生。

三体问题最初是由牛顿提出的。三体问题讨论的是在3个质量、初始位置和初始速度都为任意的可视为质点的天体，在万有引力的作用下的运动规律。此后，欧拉、拉格朗日、庞加莱、希尔伯特等著名的数学家和物理学家都对此问题进行过研究。

这个问题听起来好像就是一个数学练习题，实则无比困难。它困扰了科学家们很多年，以至于瑞典国王奥斯卡二世都拿出奖金来悬赏求解。直到19世纪末，法国数学家庞加莱才在这个问题上有了突破。不过他不是得出了公式，而是在数学上证明了3个天体的运动轨迹不能用精确的数学公式来表示。

两个天体之间的运动规律是确定的，它完全服从牛顿的万有引力定律。我们只要知道两个天体的质量和初始运动状态，利用牛顿经典力学体系的结论就能精确预测这两个天体之后的运动状态。

如果研究对象变成了3个天体，它们之间的相互作用依然服从万有引力定律，那么我们依然可以利用牛顿经典力学体系去预测它们以后的运动轨迹。但是不一样的地方来了，3个天体构成的体系的运动状态对初始值极其敏感，初始值微小的差别就会造成整个体系运动状态大相径庭。因为天文观测时总是存在一定的误差，所以造成我们无法长期精确预测这3个天体的运动状态。由此可知，三体系统是一个混沌系统。从数学上来讲,三体问题没有解析解,也就是我们不能找到一套数学公式,把观测到的天体状态代入,以精确预测三体的运动状态。

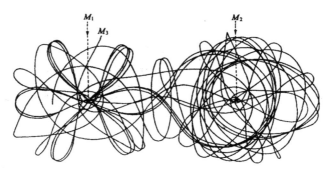

三体运动的轨迹

没有解析解不代表没有解。对于三体问题这样的混沌系统,我们依然可以像研究天气那样,将不断观测到的天体运动数据进行迭代,借助计算机来实现在一定时间内较为准确地预测三体系统的运动状态。当我们知道了三体问题是一个混沌系统时,就进一步确定了不间断地进行天文观测的重要性。宇宙中所有天体的运动状态问题,本质上可以说是三体或多体问题,只有不断观测和计算,才能更准确地预测天体的运动轨迹。

9.5

混沌的意义与应用

混沌体现出的这种混乱的状态似乎很不利于我们认识客观世界，而混沌又总是不经意地在各种满足确定规律的系统中出现。那我们究竟应该怎样面对混沌呢？混沌对我们而言又有什么意义呢？

混沌的存在说明了人类认识客观世界是一件需要长期坚持的事情，对希望找到本质规律一劳永逸的路可能是走不通的。在长期不断地进行观测和研究中，可以使我们对混沌现象的理解越来越深入。

混沌是比有序更为普遍的现象。对混沌的理解和研究能够让我们对客观世界的认识更加深入。混沌体现出的随机性是决定论系统的内在随机性，它和我们之前讲的掷硬币的随机性是有很大区别的。每次掷硬币，在掷出之前，我们完全不知道结果是什么。但天气预报对于天气而言，虽然偶尔有偏差，但整体还是可预测的。所以混沌的这种随机性是有规律的无规律。同时，混沌系统对初始值极为敏感，可以说是"失之毫厘，谬以千里"。

从本质上来说，分形告诉我们现实世界中存在非常复杂的形状，而混沌告诉我们，现实世界中会出现极其复杂的过程。虽然我们把混沌和有序做对比，混沌不是有序的，但也不是一般意义上的无序。我们通过逻辑斯蒂映射可以看到,混沌系统有时有周期,有时没有周期。即使是无序的,解也不是完全随机的,可能会特别偏好某些解。

那么研究混沌对我们的实际生活又有什么意义呢?

科学家通过对生命现象进行考察,发现各种各样的生物节律既非完全周期性的,又不可能属于纯粹随机,它们既有与自然界周期(季节、昼夜等)协调的一面,又有其内在的复杂性质。如果考察人类脑电波,癫痫病患者发病时的脑电波呈明显的周期性,而正常人的脑电波近乎随机信号。

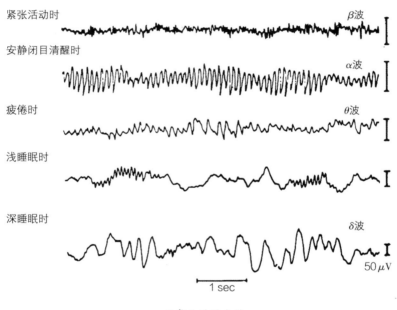

正常人的脑电波

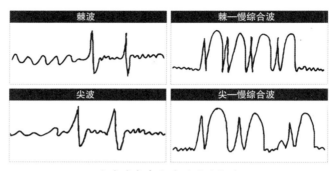

癫痫病患者发病时的脑电波

进一步研究表明，正常人的脑电波不是随机的，而是接近于混沌系统。癫痫病患者是不定期发病的，没发病时的脑电波和正常人的一样，是一种混沌运动，一旦脑电波接近周期性，就很可能要发病了。根据这种现象，科学家想到一种针对癫痫病患者的监测方案——事先在癫痫病患者大脑内植入芯片，通过芯片检测患者的脑电波。当检测到脑电波快要出现周期性了，就发出警报，提醒尽快把病人送到医院救治。进一步地，可以让芯片在患者脑电波快要出现周期性时对其进行干涉，使患者脑电波恢复到混沌状态，从而在患者无感的情况下治愈癫痫病。当然以上这些还处于动物实验阶段，很多细节上的问题有待解决。但是在可以预见的未来，随着对混沌现象的进一步了解，一定能大大提高对这种疾病的应对能力。

此外，研究混沌系统对提高天气预报的精准度有着很大帮助。混沌现象最开始就是在研究天气的过程中发现的。对混沌现象的理解，也让天气预报更符合实际的预期。虽然长期精确地预报天气是不可能的，但是如果对远期的天气预报并不需要细节，那么还是可以预测的。比如我们并不需要知道明年今天的天气是什么样的，但我们可以预测明年冬天的平均气温是什么样的。这本质上是利用了混沌系统无序中的有序性。

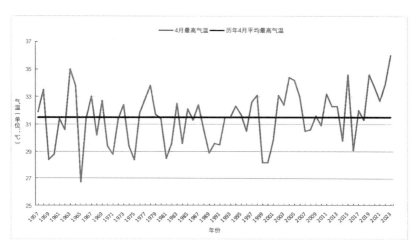

历史气温统计

混沌还可以应用在通信保密的过程中。基于混沌理论的保密通信、信息加密和信息隐藏技术的研究已成为国际热门的前沿课题之一。我们需要传输的信息往往是低频信息,但都是加载在高频信号上传输的。只要敌方不知道高频频率,就不能破解我们的加密通信。但在现代大型计算机和解密技术的帮助下,破解这种加密通信并不是难事。为了防止敌方在短时间内破解,就需要不断改变所采用的高频频率。比如用20个高频频率来变换就比用2个高频频率来变换的保密性强。而频率和周期是相互确定的。我们知道,逻辑斯蒂映射导致的混沌现象在取适当的 k 值时,会出现各种不同的周期,所以就能提供大量的高频频率,从而提高通信的保密性。现在已有许多混沌加密方案被提出,但混沌密码学的理论还未完全成熟,混沌密码学的研究仍然是一个具有挑战性的前沿课题。

混沌理论还可以应用在经济学的研究中。各种经济活动会有大量的人参与,有多种复杂的操作,会产生各式各样的经济行为,这应该是一个混沌的过程和混沌的系统。这时,混沌理论相对于传统经济学理论而言,

可能更能揭露其本质。

　　这一章给大家介绍了分形和混沌现象。希望大家能够理解现实世界中的很多事物并不像我们原以为的那么理想、那么有规律、那么确定。它们会出现多种复杂的现象，甚至是表面上看起来毫无规律的现象。但这些复杂的现象又不是完全无迹可寻的，它们在无规律中有规律，看起来随机却又不是传统数学理论中的随机。这就说明我们对客观世界的认知还有很长的路要走。分形和混沌似乎是我们认识客观世界道路上的"拦路虎"，可是它们又给我们开辟了新的可供探寻和研究的空间。

第10章

什么是完美身材
——数学中的黄金分割

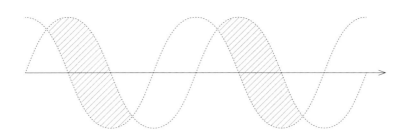

- 什么是黄金分割?
- 黄金分割为什么会产生美感?
- 黄金分割是怎么产生的?
- 如何在设计中应用黄金分割?

10.1

从断臂的维纳斯谈起

著名的雕像《断臂的维纳斯》是一件非常美的艺术品,现藏于法国卢浮宫博物馆。维纳斯是罗马神话中的美神。据说这尊雕像原本是被古希腊的一个农民从地里挖出来的,刚挖出来的时候它是有双臂的。一个法国人听说后,就去找这个农民,想要买下来,但他的钱没带够,需要先回去筹钱。结果等这个法国人回来之后,他发现农民已经把这尊维纳斯雕像卖给了一个希腊人,于是就带人去追,想把雕像抢回来。后来英国人知道了这个事,就派人去阻挠法国人,结果他们发生了一些争斗。在争斗过程中,雕像的双臂被摔断了,最后留下来的就是这尊断臂的维纳斯了。

虽然这尊雕像没有原来那么完整,但在后人看来,没有了双臂,反而对美没有了限制,给了我们更多对美的想象空间。那它为什么会给我们带来这么多美感呢?我们可以从古希腊时期人们对美的认知谈起。

雕像《断臂的维纳斯》是古希腊雕刻家阿历山德罗斯创作的。在古希腊时期,人们认为最美人体从头顶到肚脐的长度与肚脐到足底的长度之比是

《断臂的维纳斯》

$\dfrac{\sqrt{5}-1}{2} \approx 0.618$，从头顶到咽喉的长度与咽喉到肚脐的长度之比也是

0.618。在数学上把这个比例称为黄金分割。简单地说，《断臂的维纳斯》

的美感来自几何图形的相似性。

黄金分割在数学上是这么定义的：将一条线段 AB 分为两条较小的线

段 AC、CB，如果较短部分与较长部分之比等于较长部分与整段线段之

比，即 $\dfrac{CB}{AC} = \dfrac{AC}{AB}$，这种比例就是黄金分割。

$$A \qquad\qquad\qquad C \qquad\qquad B$$

$$\frac{CB}{AC} = \frac{AC}{AB}$$

我们假设线段 AB 的长为 1，AC 的长为 x，那么 CB 的长为 $1-x$，根据

黄金分割的定义可知，$\dfrac{1-x}{x} = \dfrac{x}{1}$（只要计算出 x 的值，就能得到黄金分

割），整理后可得：$x^2 + x - 1 = 0$。我们用一元二次方程的求根公式就可

以得到这个方程的解：$x = \dfrac{-1 \pm \sqrt{5}}{2}$，取正的那个解，就得到黄金分割，

即 $\dfrac{\sqrt{5}-1}{2}$。

现在一般认为最早算出黄金分割值的是毕达哥拉斯学派的开创者毕

达哥拉斯。相传有一天，毕达哥拉斯走进一家铁匠铺，觉得打铁的声音非

常动听，他细加研究发现，这声音的节奏富有规律，用数学的方式表达出

来，具有某一特定比值，而这个特定比值就是黄金分割。虽然我们无法证

实毕达哥拉斯是否从铁匠的打铁声中获得了数学上的启发，但是毕达哥

拉斯学派利用数学指导音乐是真实的事情。

公元前4世纪，古希腊数学家欧多克索斯是第一个系统研究黄金分

割并给出精确定义的人。

在几何中,我们经常会见到黄金分割。比如正五边形,我们将它的5个顶点两两相连,就可以得到一个正五角星。这个正五角星中,每个等腰三角形的底边长和斜边长的比例都满足黄金分割,如 $\dfrac{A'B'}{A'D} = \dfrac{\sqrt{5}-1}{2}$。此外,以原来正五边形的一边为底的等腰钝角三角形,其腰长和底长之比也满足黄金分割,即 $\dfrac{AD'}{AB} = \dfrac{\sqrt{5}-1}{2}$。正五角星之所以让人觉得有美感、很舒适,是因为它里面蕴含着黄金分割。自从古希腊人发现了黄金分割,人们就将它应用到了各种与美有关的地方。

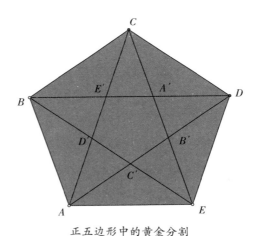

正五边形中的黄金分割

10.2
无处不在的黄金分割

达·芬奇是"文艺复兴三杰"之一。他的一份手稿——《维特鲁威人》是一幅素描作品,被广泛认为是人体解剖学的经典之作。这幅作品以人体比例为基础,展现了达·芬奇对于人体结构的研究和理解。

从艺术角度来看,《维特鲁威人》展现了一种完美的比例和对称的美感。达·芬奇通过精确的线条和对细节的描绘,将男性人体的比例和结构表现得淋漓尽致。这种精确和细致的描绘方式,使得《维特鲁威人》成了一幅具有极高艺术价值的作品。从科学角度来看,这幅作品也是达·芬奇对人体结构和骨骼系统深入研究的成果。通过这幅作品,人们可以清晰地看到达·芬奇对人体解剖学的理

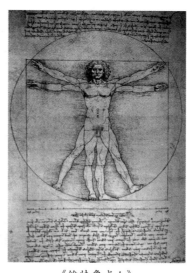

《维特鲁威人》

解,以及他对人体比例和结构的准确把握。这种科学性和精确性使得《维特鲁威人》不仅是一幅艺术作品,还是一份科学研究的重要资料。达·芬奇在创作这幅作品时,利用了数学上的黄金分割。后世用"完美比例"来形容作品中的男性。黄金分割也存在于达·芬奇的其他著名作品中。

《蒙娜丽莎》是达·芬奇创作的一幅经典油画,因画中人物的微笑和神秘感而闻名于世。

这幅作品具有极高的艺术价值和历史价值,它展现了达·芬奇的卓越才华和深刻的思考。这幅世界名画的构图处处显现出了黄金分割的痕迹。画中贵妇的脸部比例就完全符合古希腊人对美的认知,如鼻子刚好在面部的黄金分割点上。在贵妇的笑容中,除了高兴,也能够让人体会到各种复

《蒙娜丽莎》

杂的情感。据说,当你注视画中人物的双眼时,即便移动位置,也会发现画中人的双眼一直追随着你。

除了以上画作,其他很多地方也可见到黄金分割。例如,我们国家的国旗——五星红旗,其中的正五角星中就蕴含了黄金分割。此外,在建筑中,比如埃及的金字塔、雅典卫城的帕特农神庙等,它们的设计比例都与黄金分割息息相关。

埃及金字塔

帕特农神庙

埃及金字塔的塔高与底部正方形边长的比很接近黄金分割;帕特农

神庙的柱高与神庙整体高度之比也接近黄金分割。这些建筑物在设计中巧妙地利用了黄金分割，让人过目难忘，成为经典。

人的身体也存在黄金分割。据有关测定，人体的正常温度是37摄氏度，而人体最适宜的外界温度是23摄氏度左右，存在如下关系：$37 \times 0.618 \approx 23$。

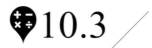

黄金分割与斐波那契数列

黄金分割的数值是 $\frac{\sqrt{5}-1}{2} = 0.618\cdots$，这是一个无理数。在平常使用时，我们有没有更简便的方法来获得黄金分割呢？当然有了，这个方法叫连分数。连分数指的是形如 $a_0 + \cfrac{1}{a_1 + \cfrac{1}{a_2 + \cfrac{1}{\cdots}}}$ 这样的实数，其中

$a_0, a_1, a_2, \cdots$ 都是整数。我们知道，有理数都可以表示成分数，所以有理数一定能用有限连分数表示出来，而无理数可以用无限连分数表示出来。黄金分割其实就是一个简单的无限连分数：

$$x = \cfrac{1}{1 + \cfrac{1}{1 + \cfrac{1}{1 + \cfrac{1}{\cdots}}}}$$

这个数为什么就是黄金分割呢？因为我们可以看到，根据连分数的定义，分母右边那项无限写下去就与式子整体是一样的。所以上面的式子就可以写成：

$$x = \frac{1}{1 + x}$$

解这个方程可以得到 x 的一个正数解是 $\frac{\sqrt{5}-1}{2}$。

因为这是一个无限连分数,所以在实际应用中我们通过计算它的近似值来得到黄金分割的近似值。我们把这个连分数从上开始数第 n 条分数线截止,将第 $n+1$ 条分数线上下去掉,得到的部分作为这个连分数第 n 次的近似值,记为 $\dfrac{u_n}{v_n}$,得出:

$$\frac{u_1}{v_1}=\frac{1}{1},\frac{u_2}{v_2}=\cfrac{1}{1+\cfrac{1}{1}}=\frac{1}{2},\frac{u_3}{v_3}=\cfrac{1}{1+\cfrac{1}{1+\cfrac{1}{1}}}=\frac{2}{3},\frac{u_4}{v_4}=\cfrac{1}{1+\cfrac{1}{1+\cfrac{1}{1+\cfrac{1}{1}}}}=\frac{3}{5},\cdots$$

根据计算规律,可以得到 $\dfrac{u_n}{v_n}$ 的一个递推关系,即:$\dfrac{u_n}{v_n}=\cfrac{1}{1+\cfrac{u_{n-1}}{v_{n-1}}}$。通过这个递推关系,我们可以很容易地算出这个数列剩下的一些项:

$$\frac{u_5}{v_5}=\frac{5}{8},\frac{u_6}{v_6}=\frac{8}{13},\frac{u_7}{v_7}=\frac{13}{21},\frac{u_8}{v_8}=\frac{21}{34},\cdots$$

我们看到这一系列的近似值是:$\dfrac{1}{1},\dfrac{1}{2},\dfrac{2}{3},\dfrac{3}{5},\dfrac{5}{8},\dfrac{8}{13},\dfrac{13}{21},\dfrac{21}{34},\cdots,\dfrac{u_n}{v_n},\cdots$

在现实中,我们可以用这样一串分数来逼近黄金分割。仔细观察这一串分数,不知道你能否观察出什么规律? 这串分数的分子和分母均来自一个数列:1,1,2,3,5,8,13,21,34,… 只不过分子和分母差了一项而已。这串数列就是著名的斐波那契数列。

斐波那契数列又叫"兔子数列",它来自意大利数学家斐波那契在《算盘全书》中收录的一个有趣的问题。这个问题是这样的:

有一对小兔子,如果第二个月它们成年,第三个月开始每一个月都生下一对小兔子(假定每个月所生小兔子均为一雌一雄,且无死亡),试问12个月后总共有多少对兔子呢?

答案是 144 对。按题意,每个月的兔子对数依次是:1,1,2,3,5,8,13,21,34,55,89,144。通过观察可以发现,在这个数列中,从第三项开始,每一项都等于前两项之和。

每个月兔子对数的统计

经过月份	1	2	3	4	5	6	7	8	9	10	11	12
小兔子	1	0	1	1	2	3	5	8	13	21	34	55
大兔子	0	1	1	2	3	5	8	13	21	34	55	89
合计	1	1	2	3	5	8	13	21	34	55	89	144

如果把每个月兔子的对数记为 F_n,可以发现 F_n 满足如下规律:

$$\begin{cases} F_1 = F_2 = 1 \\ F_{n+1} = F_{n-1} + F_n, n \geqslant 2 \end{cases}$$

我们将满足这样规律的数列叫作斐波那契数列。斐波那契数列中,前后两项的比值会越来越接近黄金分割,即 $\lim\limits_{n \to \infty} \dfrac{F_n}{F_{n+1}} = \dfrac{\sqrt{5}-1}{2}$,这是因为斐波那契数列的通项公式是:

$$F_n = \frac{1}{\sqrt{5}}\left[\left(\frac{1+\sqrt{5}}{2}\right)^n - \left(\frac{1-\sqrt{5}}{2}\right)^n\right]$$

看起来是不是很神奇,一个各项都是整数的数列,通项公式里居然会出现那么多的根号。而且因为斐波那契数列中各项都是整数,所以用它来逼近黄金分割会非常方便。我们把斐波那契数列中的数叫作斐波那契数。斐波那契数列与黄金分割之间的这种必然联系,揭示了数学的一个规律,即很多现象在数学这个体系中是统一的,很多人认为这其实就是数学之美的体现。

自然界中到处都有斐波那契数列的身影,比如一些花的花瓣数量,三角梅有3个花瓣,丁香花一般有5个花瓣,波斯菊一般有8个花瓣,雏菊一般有34或55个花瓣。

大家平时也可以注意观察一下,每年树木长出新枝的数目,也是斐波那契数列。向日葵的花盘内,种子是按对数螺线排列的,有顺时针和逆时针两种。两组螺线的条数一般也是斐波那契数。

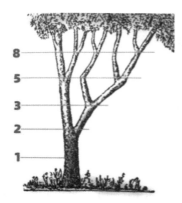

树木长出新枝的数目　　　　　向日葵中的斐波那契数

斐波那契数列不是数学家的臆想,而是在自然界中普遍地存在着。大自然喜欢用黄金分割"说话",这反映了大自然内在的比例规律,也说明了黄金分割的普遍性。

10.4

设计中的黄金分割

前面介绍了黄金分割可以产生美,那么我们应该如何在设计中利用黄金分割,使我们的作品更美呢? 可以使用一个工具,它叫作黄金矩形,即宽与长的比值为 $\frac{\sqrt{5}-1}{2}$ 的矩形。其特性是:从一个黄金矩形中裁去一个最大的正方形后,剩下的矩形仍是一个黄金矩形,也可以说剩下的矩形的宽与长之比与原矩形的一样。因为每一个黄金矩形从中裁去一个最大的正方形后,剩下的依然是黄金矩形,所以黄金矩形可以根据上面的定义无限分割下去。

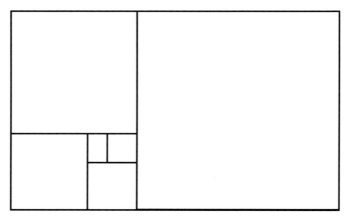

黄金矩形

假设原矩形的长与宽分别为 a、$b(a > b)$。根据黄金矩形的定义,在矩形中裁去一个最大的正方形后,剩下的矩形的长与宽分别是 b、$a - b$,那么就有 $\dfrac{b}{a} = \dfrac{a - b}{b}$。假设这个比例为 x,那么就有 $x = \dfrac{b}{a} = \dfrac{a - b}{b} = \dfrac{1 - \dfrac{b}{a}}{\dfrac{b}{a}} = \dfrac{1 - x}{x}$,即 $x = \dfrac{1 - x}{x}$,变形得 $x^2 + x - 1 = 0$。这个方程的正数解恰好是 $\dfrac{\sqrt{5} - 1}{2}$,即黄金分割。我们可以利用黄金矩形,将黄金分割简单地融入设计之中。简单地说就是把我们要设计的对象放在黄金矩形中,把要突出的局部放在黄金矩形中的某个正方形中,这样局部占整体的比例就刚好是黄金分割了。

我们再来看看之前举过的帕特农神庙的例子。如果将帕特农神庙放在黄金矩形中,就会发现它的宽与长之比符合黄金分割。也可以说,帕特农神庙的美丽与雄伟就是建立在严格的数学法则之上的。

帕特农神庙与黄金矩形

我们给朋友拍照时,时常感到烦恼,不知道怎么拍才能让对方满意。其实很简单,利用黄金矩形,把人物放在黄金矩形中的某个矩形或正方形中,就能突出主体,并且有美感。我们可以参考下面这张照片的构图。

照相取景技巧

有的朋友会说,相机或手机拍照的时候没有黄金矩形,那我应该怎么办呢?现在的相机程序里一般都有九宫格拍照模式,在拍照时,让主体在九宫格的交叉点附近,这样的构图比例接近黄金分割,拍出来就会很好看。

在实际应用中,因为黄金矩形宽与长之比是 $\frac{\sqrt{5}-1}{2}$,用起来不太方便,所以可以利用斐波那契数列来构造一个近似的且更方便使用的黄金矩形。我们可以先作一个长和宽分别为2和1的矩形,也就是可以分成两个边长是1的小正方形的矩形。然后在这个矩形的长边上作一个正方形,这样我们就可以得到一个长和宽分别为3和2的矩形。接着我们在这个矩形的长边上作一个正方形,这样我们就得到了一个长和宽分别为5和3的矩形。一直这样下去,我们就能得到斐波那契黄金矩形。

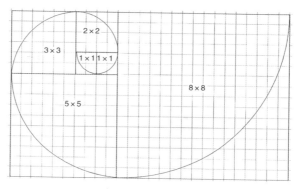

斐波那契黄金矩形

我们知道，相邻斐波那契数的比值越来越接近黄金分割的数值，所以这个图形也可作为应用黄金分割的工具，并且我们在这个矩形的每个正方形中依次作一个 $\frac{1}{4}$ 圆弧，将这些圆弧连接起来就得到了一条螺旋线，这条螺旋线与等角螺线相近。

如果你对比上面的螺旋线和下面鹦鹉螺壳的结构，是否觉得很相似？鹦鹉螺壳的结构也接近等角螺线。不仅如此，龙卷风的形状、旋涡星系的旋臂也与等角螺线相近。

鹦鹉螺中的等角螺线

黄金分割或许反映了宇宙自身的一个常数,我们对它才特别有亲切感,所以哪个建筑或画作如果有意无意满足了这个条件,它就显得特别美。除了帕特农神庙,很多经典设计的主要尺寸的比例,也正好符合黄金分割,甚至符合等角螺线。

我们知道,苹果公司的Logo是一个被咬了一口的苹果。你知道这个苹果是如何设计出来的吗? 通过下图可以看到,它实际上是由直径满足斐波那契数列的圆构成的。

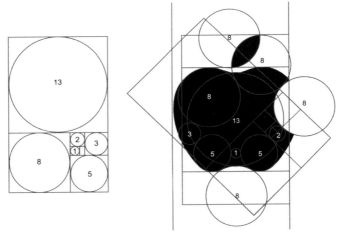

苹果公司Logo设计

苹果公司的另一个产品 iCloud 的 Logo 是用比例接近黄金分割的圆构成的。

苹果公司的 Logo 设计可以说是设计案例中的经典。它们成功的原因与其中蕴含的黄金分割是分不开的。

iCloud 的 Logo 设计

第11章

无穷大有多大
——集合论漫谈

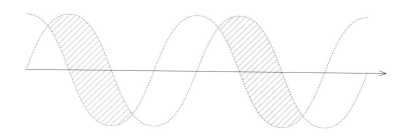

- 如何表示大数?
- 无穷大到底是多大?
- 为什么说集合论是数学的基础?
- 无穷的本质是什么?

11.1
从有限到无限

　　从人类文明诞生以来,我们就一直在和数字打交道。毕竟提到人类历史起源时,基本上要从结绳记事开始。远古时代,人们遇到大事,打个大点儿的结,遇到小事,打个小点儿的结,过一段时间数数有多少个结,就知道经历了多少件事情。刚开始人们数数,只会数正整数,慢慢人们认识了零,就有了自然数。在涉及财产分配问题时,人类又发现了分数。后来,人们发现了负数与无理数。人类对数的认识就是这么一点点发展的。但古人很少考虑数究竟是有限的还是无限的。

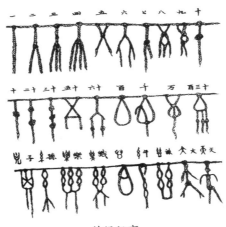

结绳记事

　　很早以前,人们以物易物,可能会拿一个贝壳换一块肉,会10以内的数的加减法就差不多了。但随着人类社会的物质财富越来越丰富,交换中就需要比较大的数的参与。那么对这种大数的计数需求,古人是怎么解决的呢? 这就要说说古人的智慧了。

早 期 记 数 系 统											
古埃及象形数字 (公元前3400年左右)	| 1	|| 2	||| 3	|||| 4	||||| 5	||| 6	|||| 7	||| 8	||| 9	∩ 10	
	∩| 11	∩|| 12	∩∩ 20	∩∩ 40	9 100	99 200	ℓ 1000	ℓ 10000	ℓ 1000000		
巴比伦楔形数字 (公元前2400年左右)	1	2	3	4	5	6	7	8	9	10	
	11	12	20	30	40	50	60	70	80	120	130
中国甲骨文数字 (公元前1600年左右)	1	2	3	4	5	6	7	8	9	10	100 1000
希腊阿提卡数字 (公元前500年左右)	1	2	3	4	5	6	7	8	9	10	
	11	12	15	16	20	30	50	70			
中国筹算数码 (公元前500年左右)	纵式 横式	1	2	3	4	5	6	7	8	9	
印度婆罗门数字 (公元前300年左右)	1	2	3	4	5	6	7	8	9	10 20 30 40 50 60	
玛雅数字 (公元3世纪)	1	2	3	4	5	6	7	8	9		
	10	20	40	60	80	100	120				
玛雅象形数字 (主要用于记录时间)	1	2	3	4	5	6	7	8	9	10	

早期记数系统

我国古代很早就诞生了十进制的计数法,就是我们现在熟悉的个、十、百、千、万、亿这样的计数单位。可能很多人知道的最大计数单位就是亿了。但中国古代的《五经算术》中就给出了更大的数的计数单位。其中记载:"按黄帝为法,数有十等。及其用也,乃有三焉。十等者,谓亿、兆、京、垓、秭、壤、沟、涧、正、载……"由此可见,10个大数的计数单位中,亿后面有兆,兆后面有京,京后面有垓,垓后面有秭,秭后面有壤,壤后面有沟,沟后面有涧,涧后面有正,正后面有载。这些单位之间的换算关系是什么样的呢? 这又体现出了古人的智慧。《五经算术》中说:"及其用也,乃有三焉。"根据不同的情况,可以有3种进位方法。如果表示的数相对较小,可以按十进位,也就是一兆等于十亿,一京等于十兆,一垓等于十京……如果要表示大一些的数,可以按照万进位,也就是一兆等于一万亿,一京等于一万兆,一垓等于一万京……如果还是不够用,可以按照平方进位,也就是一兆等于一亿乘以一亿,即10^{16};一京等于一兆乘以一兆,即10^{32};一垓等于一京乘以一京,即10^{64}……据科学家估计,全宇宙的原子数量大概也就是10^{80}这个数量级,所以一般情况下,这些计数单位配上不同的进位制,就足够表示我们日常生活中能见到的数。

这体现了古代中国人在数学实用性方面的成就,但是再大的数也是有限的,无限究竟是什么样的呢?《五经算术》中的回答是,计数的单位虽然是有限的,但计数的方法可以是无限的,可以通过改变计数方法,用同样的单位表示不同的数。比如循环使用这些单位,多循环几次不就能表示更大的数了吗? 古人没有回答无穷大到底是什么,怎么表示,而是告诉大家无论怎样大的数,通过一定的方法和操作一定能表示出来。

古代西方人是如何思考无穷这个问题的? 我们在第6章介绍了芝诺的一系列悖论,其实都与无穷有关。著名的天文学家、物理学家伽利略也提出了一个与无穷有关的悖论。

作一个三角形的一条中位线MN。把顶点A和底边BC上任意一点D连接,与中位线MN相交于点E。伽利略认为,通过这种作图方法,底边BC上每有一点D,就能在中位线MN上找到一点E,反之亦然。所以底边BC上点的数量和中位线MN上点的数量一样多。

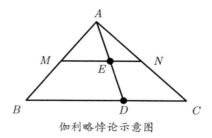

伽利略悖论示意图

而线段的长度应该和线段包含的点的数量有关,底边 BC 的长度显然大于中位线 MN 的长度,这又是怎么回事呢?由此可见,跟无穷有关的问题有很多奇怪的地方。

古代西方人很早就开始对无穷的本质进行思考。直到 20 世纪,一位德国数学家用一个有意思的故事给大家展现了无限和有限在本质上的不同,他就是被誉为"数学界的亚历山大"的希尔伯特。

11.2 希尔伯特的神奇旅馆

希尔伯特被誉为20世纪最有影响力的数学家之一。他出生于1862年,逝世于1943年。希尔伯特的研究涉及多个领域,包括不变量理论、代数数论、几何基础、积分方程、物理学、一般数学基础等。他不仅在各个领域都有重要的贡献,还培养了一批对数学发展做出重要贡献的杰出数学家,如埃米·诺特、赫尔曼·外尔、理查德·柯朗等。

欢迎来到我的神奇旅馆!

希尔伯特

希尔伯特认为,解决数学问题需要寻找内在的逻辑和规律,并不断深入研究和探索。他提出了许多重要的数学思想和理论,其中最为著名的是他于1900年在巴黎第二届国际数学家大会上提出的23个数学问题。这些问题被视为对20世纪数学研究的重要挑战和指引,对数学的发展产生了深远的影响。下面就是希尔伯特提出的一个与无穷有关的故事。

希尔伯特想象了一间神奇的旅馆,它与我们常见的旅馆不同,它有无穷多个房间。假设它的房间号码是1,2,3,…,n,…大家可能会觉得无穷多个房间的旅馆并没有什么特别之处,不过是能住的人多一些罢了。那下面就让我们一起来看看这个拥有无穷多个房间的旅馆有什么神奇之处吧。

有一天,旅馆的房间住满了人。这时候,又来了一位客人要入住。旅馆老板说:"不好意思,旅馆的房间已经住满了。"但客人坚持要入住,这时旅馆老板的女儿过来了,看到客人和她爸爸都很着急,就说:"你们别急,我来安排一下。"老板的女儿就让原来住1号房间的客人搬到2号房间,住2号房间的客人搬到3号房间……住n号房间的客人搬到$n+1$号房间,这样1号房间就空出来,可以让新来的客人入住,安排方法如下所示。

第一次的安排方法

原来房间号	1	2	3	4	5	6	…	n
新的房间号	2	3	4	5	6	7	…	$n+1$

这个问题刚解决,新的问题又来了。第二天又来了一个大旅行团,他们坚持入住这家旅馆,这个旅行团有和自然数数量一样多的人。这下又把旅馆的老板难住了。老板的女儿过来看了看,说:"别急,我想一想,应该还能安排。"这次她让1号房间的人搬到2号房间,2号房间的人搬到4号房间……住n号房间的客人搬到$2n$号房间,这样就空出了足够多的房间让这个旅行团的人入住,安排方法如下所示。

第二次的安排方法

原来房间号	1	2	3	4	5	6	…	n
新的房间号	2	4	6	8	10	12	…	$2n$

可能是这个神奇的旅馆太有名了,它的房间总是住满了人。过了几天,一个车队来了,车多得数不过来。他们的负责人找到旅馆的老板说:

"我们这个旅行团有自然数数量那么多的无穷辆车,每辆车上有自然数数量那么多的无穷个人,麻烦给我们安排一下房间。"旅馆老板一听简直要晕过去了,这可怎么办啊?他聪明的女儿过来看了一下,好像也被难住了。不过,她思考了一会儿说:"有了,我来安排!"她先让住在1号房间的客人搬到2号房间,住在2号房间的客人搬到4号房间,住在3号房间的客人搬到8号房间……住n号房间的客人搬到2^n号房间。然后,让第1辆车上的客人依次入住$3^1, 3^2, 3^3, \cdots, 3^n, \cdots$号房间,第2辆车上的客人依次入住$5^1, 5^2, 5^3, \cdots, 5^n, \cdots$号房间……第$k$辆车上的客人依次入住$p^1, p^2, p^3, \cdots, p^n, \cdots$号房间,其中$p$是第$k+1$个素数。我们知道,素数有无穷多个,而每个正整数的素因数分解形式是不同且唯一的。所以,这样安排可以让这无穷辆车中的无穷个人都能入住,如下所示。

第三次的安排方法

原来房间号	1	2	3	4	5	6	⋯	n
新的房间号	2	4	8	16	32	64	⋯	2^n
第1辆车	1	2	3	4	5	6	⋯	n
新的房间号	3	9	27	81	243	729	⋯	3^n
第2辆车	1	2	3	4	5	6	⋯	n
新的房间号	5	25	125	625	3125	15625	⋯	5^n
⋯	⋯	⋯	⋯	⋯	⋯	⋯	⋯	⋯
第k辆车	1	2	3	4	5	6	⋯	n
新的房间号	p^1	p^2	p^3	p^4	p^5	p^6	⋯	p^n

你可能会感慨旅馆老板女儿的智慧,但更令人震惊的是无穷的性质。我们自然会想,如果来更多的人,比如来和实数一样无穷多的人,是否还能安排入住呢?这也是希尔伯特的旅馆的故事提出之后,数学家们所思考的问题。那么究竟什么是无穷呢?无穷和无穷之间有没有大小呢?这个问题,直到集合论创立后才彻底解决。

11.3

集合论的创立

在 18 世纪,由于对无穷没有精确的定义,微积分理论遇到严重的逻辑困难。在 19 世纪初,许多迫切的问题得到解决后,出现了一场重建数学基础的运动。正是在这场运动中,康托尔开始探讨有关无穷的问题,这是集合论研究的开端。

其实,在第 6 章就介绍了集合论。我们知道集合论是德国著名数学家康托尔创立的。他为什么要创立集合论呢? 主要的原因是解释无穷的本质。∞,它来源于莫比乌斯带,是从无限循环的含义中提取出的无穷的意思。

无穷大符号

莫比乌斯带是把一个纸带扭转 180°后,将两头粘接起来做成的纸带圈。普通纸带具有两个面(双侧曲面)——一个正面和一个反面,两个面可以涂成不同的颜色;而莫比乌斯带这样的纸带只有一

个面（单侧曲面），一只小虫可以爬遍整个曲面而不必翻越它的
边缘。

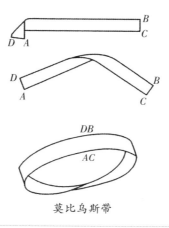

莫比乌斯带

　　在康托尔创立集合论之前，大家对无穷的理解有两种。一种是潜无
穷，即把无穷看成一种永远在延伸、永远处于生成状态中的过程，认为无
限永远处在构造中，永远完成不了。古希腊哲学家亚里士多德是明确区
分实无穷和潜无穷的第一人，他提出的潜无穷观点得到了大多数哲学家
和数学家的赞同。另一种是实无穷，即把无穷看成现实存在的、已经生成
的对象。古希腊哲学家柏拉图最早提出了实无穷的观点，他认为所有的
自然数可以构成一个完成了的无穷整体。

　　到底哪种认识是正确的？围绕实无穷概念和方法在数学中应用的合
理性问题曾有过长期的争论。直到19世纪，柯西和魏尔斯特拉斯建立了
严格的极限理论，才使潜无穷观点在数学中占据了主导地位。而19世纪
末，康托尔建立的集合论使实无穷重新成为数学的研究对象。

　　集合论来源于对无穷本质的认识和无穷之间如何比较大小。我们对
无穷的认识来源于最基本的计数和比较大小。那么我们回到这些最本源

的问题来思考一下。比如说,如何比较两个人身上谁的现金比较多? 很简单,让他们把身上的现金拿出来,数一数就可以了。

如果要比较两人中谁的头发多,怎么办? 还是数数? 那来吧,你先数一下,报个数。你费了九牛二虎之力数完了,报了个数。我轻松地告诉你,刚好多你一根。你对这个结果有什么想法? 估计八成是不信的。通过这个例子你可以看到,即使是有限的数量,当数量大到一定程度时,我们不自觉地就会对计数的正确性产生怀疑。那怎么样解决这个问题呢? 我们换一种方法,这种新的方法可能会有一点粗暴。两人轮流从自己的头上拔下一根头发,一直到有人拔完所有头发,而另一个人还有头发为止。此时先拔完所有头发的就是头发少的那一个。这个方法是不是很公平合理?

围棋的黑子和白子哪个多? 虽然可以分别数一数黑子和白子的数量,但是这样有点麻烦,还容易出错。我的办法是把黑子和白子凑对,当无法凑对时,剩下的那个颜色就是多的。这个比较的方法利用了建立一一对应的数学思想。如果恰好建立了一一对应,就说明二者一样多,否则就是剩下来的那个多。所以除了数数,我们还可以通过这种对应的方法来比较大小。这是方法变化上的一小步,却是思想解放上的一大步。

既然无穷是数不完的,那也可以考虑通过建立一一对应的方法来比较无穷之间的大小。比如说,正整数和正偶数哪个多? 我们可以在正整数和正偶数之间建立一个对应关系$f: n \to 2n$,也就是把每个正整数n对应到$2n$。

正整数与正偶数之间的一一对应关系

正整数	1	2	3	4	5	6	…	n
↓	↓	↓	↓	↓	↓	↓		↓
正偶数	2	4	6	8	10	12	…	$2n$

在这个对应关系中,你会发现每个正整数都有一个正偶数和它对应,每个正偶数也都能找到和它唯一对应的正整数。所以,它们的数量是一样多的。

再比如说,自然数和完全平方数哪个多?我们同样可以在自然数和完全平方数之间建立一个对应关系$f:n \rightarrow n^2$。

自然数与完全平方数之间的一一对应关系

自然数	1	2	3	4	5	6	...	n
↓	↓	↓	↓	↓	↓	↓		↓
完全平方数	1	4	9	16	25	36	...	n^2

可以看到,每个自然数都有一个完全平方数和它对应(比如3有9和它对应);每个完全平方数也都有一个自然数和它对应(比如36有6和它对应)。这就说明,自然数和完全平方数一样多。这是不是颠覆了你的认知?这就是集合论比较无穷集合间大小的基本思想,即建立一一对应关系。如果两个集合的元素间可以建立一个一一对应关系,那我们就认为这两个集合的元素一样多。当然,刚才这个问题对于集合论来说小菜一碟,再来看看更复杂的问题。

我们知道了正整数和正偶数是一样多的,自然数和完全平方数也是一样多的,那么正整数和正有理数哪个多?有理数是整数和分数的总体,有理数总能写成两个整数之比。前面的问题实际上就是问整数和分数哪个多?我们再来通过建立一一对应关系比一比。首先来看下表。这个表中,在第一行和第一列中分别填上所有正整数,表格中(除第一行和第一列)每一格都对应一个分数,这个分数的分子是其所在行对应的正整数,分母是其所在列对应的正整数。也就是说,这个表里包含了所有正有理数。

所有正有理数表

	1	2	3	4	5	...	n	...
1	$\frac{1}{1}$	$\frac{1}{2}$	$\frac{1}{3}$	$\frac{1}{4}$	$\frac{1}{5}$	...	$\frac{1}{n}$	...
2	$\frac{2}{1}$	$\frac{2}{2}$	$\frac{2}{3}$	$\frac{2}{4}$	$\frac{2}{5}$	...	$\frac{2}{n}$	...
3	$\frac{3}{1}$	$\frac{3}{2}$	$\frac{3}{3}$	$\frac{3}{4}$	$\frac{3}{5}$	...	$\frac{3}{n}$	...
4	$\frac{4}{1}$	$\frac{4}{2}$	$\frac{4}{3}$	$\frac{4}{4}$	$\frac{4}{5}$	...	$\frac{4}{n}$	...
5	$\frac{5}{1}$	$\frac{5}{2}$	$\frac{5}{3}$	$\frac{5}{4}$	$\frac{5}{5}$	...	$\frac{5}{n}$	...
...	...	...	...	...	...	...	...	...
n	$\frac{n}{1}$	$\frac{n}{2}$	$\frac{n}{3}$	$\frac{n}{4}$	$\frac{n}{5}$	...	$\frac{n}{n}$	...
...	...	...	...	...	...	...	...	...

我们再按照下图中箭头所示的方向将这些有理数排个序。当然,我们可以删去这里面重复的数。这样就得到了一串有序的正有理数:$\frac{1}{1}$,$\frac{2}{1}$,$\frac{1}{2}$,$\frac{1}{3}$,$\frac{3}{1}$,$\frac{4}{1}$,$\frac{3}{2}$,$\frac{2}{3}$,$\frac{1}{4}$,$\frac{1}{5}$,$\frac{5}{1}$,...并且所有正有理数都在这个数列中。根据每个有理数是这个数列中的第几项,就建立了一个从正整数到正有理数的一一对应关系。所以,正整数和正有理数也是一样多的。

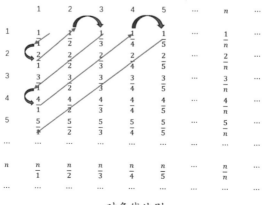

对角线法则

这种建立映射的方法叫作对角线法则,它是康托尔发明的。通过这个法则,我们把分数这种看起来比较复杂无序的数和整数建立了一一对应关系,也就是给它排了个序。

通过上面的证明和比较,我们可以看到自然数、偶数、有理数都是一样多的无穷大。我们把这种无穷大叫作可数集,数学上用 $\aleph_0$ 来表示,$\aleph_0$ 读作阿列夫零。$\aleph_0$ 是最小的无穷大。那么问题来了,除了这样的无穷大还有别的无穷大吗?

拥有了对角线法则这样的利器,我们可以进一步地比较一下自然数和实数哪个多。实数包含有理数和无理数。有理数是分数,可以是有限小数,也可以是无限循环小数。而无理数是无限不循环小数,像 $\sqrt{2}$、$\sqrt{3}$ 都是无理数。我们把有限小数后面的位数上的数字都看成0,这样有限小数也可以看成是有无穷多位的,这样方便统一比较。我们不妨比较一下0到1之间的实数和正整数的多少。

假设0到1之间的所有实数可以和正整数一一对应。我们按与正整数对应的顺序把这些实数以无限小数的形式写出来,表中每一行都是0到1中的一个实数,第 n 列对应的数字是这个小数的小数点后第 n 位数字。比如第一个实数 X_1 写成小数的形式就是 $0.a_{11}a_{12}a_{13}a_{14}a_{15}\cdots a_{1n}\cdots$ 那么我们再取一个新的实数 Y,让它的小数点后第一位数字 b_1 等于 X_1 的第一位数字 a_{11} 加上1,如果 a_{11} 是9,就令 $b_1=0$,对后面的每一位都如此处理。也就是 Y 的小数点后第 i 位数字是这样定义的:

$$b_i = \begin{cases} a_{ii}+1, a_{ii}<9 \\ 0, a_{ii}=9 \end{cases}$$

假设的0到1之间的所有实数与正整数对应表

	1	2	3	4	5	...	n	...
X_1	$0.a_{11}$	a_{12}	a_{13}	a_{14}	a_{15}	...	a_{1n}	...
X_2	$0.a_{21}$	a_{22}	a_{23}	a_{24}	a_{25}	...	a_{2n}	...
X_3	$0.a_{31}$	a_{32}	a_{33}	a_{34}	a_{35}	...	a_{3n}	...
X_4	$0.a_{41}$	a_{42}	a_{43}	a_{44}	a_{45}	...	a_{4n}	...
X_5	$0.a_{51}$	a_{52}	a_{53}	a_{54}	a_{55}	...	a_{5n}	...
...	...	...	...	...	...		...	...
X_n	$0.a_{n1}$	a_{n2}	a_{n3}	a_{n4}	a_{n5}		a_{nn}	...
...	...	...	...	...	...		...	...
Y	$0.b_1$	b_2	b_3	b_4	b_5	...	b_n	...

我们来看一下Y应该在这个表的什么位置上。根据Y的每一位小数数字的定义，Y与X_1的小数点后第一位不一样，与X_2的小数点后第二位不一样，……，与X_n的小数点后第n位不一样，所以Y与这张表里的所有实数都不一样。所以Y不在我们所构造的这个序列中。而Y确实又是0到1之间的一个实数。我们假设0到1之间所有实数都可以和正整数一一对应。这就产生矛盾了。我们推导的过程没有问题，所以这个矛盾说明了我们的假设是错误的。也就是说，0到1之间的所有实数可以和正整数建立一一对应关系是错误的。

通过证明可以说明0到1之间的所有实数应该比正整数多，也就是比有理数多。这也说明了无穷之间也是有大小的，实数比有理数多，也就是实数比自然数多。正是集合论中给出了这种比较无穷集合间大小的方法和结论，我们才对无穷有了进一步的认识。集合论让人们信服，从而成了现代数学的基础之一。

我们既然知道实数比自然数多，那么有没有比实数更多的无穷大？实数和自然数之间有没有其他的无穷大？

这两个问题中，第一个问题的答案是肯定的。把一个集合所有子集构成的集合称为它的幂集。如果这个集合的元素个数是无穷大,记为$\aleph$,那么它的幂集的基数就是$2^\aleph$。我们可以证明$2^\aleph > \aleph$。也就是说,我们只要找到一个无穷集合,那么它的所有子集个数一定比它的元素个数多。这么一直构造下去,我们就能得到一系列越来越大的无穷大了。

第二个问题就是目前数学体系中著名的"连续统假设"。连续统假设认为,在可数集基数和实数基数之间没有别的基数,也就是自然数个数和实数个数之间没有其他的无穷大。这个假设是1874年康托尔提出来的。在1900年第二届国际数学家大会上,希尔伯特把康托尔的连续统假设列入了20世纪有待解决的23个重要数学问题之首,足见其重要性。1938年著名数学家、逻辑学家哥德尔证明了连续统假设和世界公认的集合论ZFC公理系统并不矛盾。1963年美国数学家保罗·寇恩证明了连续统假设和ZFC公理系统是彼此独立的。因此,连续统假设不能在ZFC公理系统内证明其正确性与否。

所以连续统假设目前也算是数学上一个仍未彻底解决的重要问题,等待着我们去攻克。

11.4

无穷的本质

通过集合论我们知道,无穷之间也是可以像有限值那样比较大小的,无穷之间也有较小的无穷和较大的无穷。但究竟什么是无穷依然没有给出一个精确的定义。换个角度来看,我们刚才研究的无穷集合都有什么特性?

正偶数集完全包含在正整数集里,但它们两个是一样多的;正整数集完全包含在正有理数集中,但它们两个也是一样多的。在前文提到的伽利略的悖论中,三角形中位线的长度小于底边的长度,但它们之间也可以建立一一对应关系,所以它们包含的点也是一样多的。由此可以看到,无穷比较奇怪的地方在于无穷集合好像都能和它的一部分建立一一对应关系,从而和它的一部分一样多。有限集是不可能有这个性质的。在我们正常的认知中,整体大于部分,就是基于有限集合来的。

因此我们可以认为这就是无穷的本质,也就是一个集合是无穷集合,当且仅当它可以和自己的某个真子集之间建立一一对应关系。

前面给大家举的无穷集合的例子莫不如此。天上的星星是无穷多吗? 宇宙间的原子数量是无穷多吗? 如果你对无穷的认知还停留在数不数得过来,那这样的问题你可能不太好回答。可如果我们抓住无穷的本质去对比。答案就很清楚了。宇宙中所有星星能和它的一部分一样多吗? 宇宙间所有原子能和它的一部分一样多吗? 显然不可以,所以这两

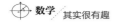

个数量虽然很大,但依然是有限的。

这种通过性质来定义的方法有些人可能还不太适应。其实只是因为我们认识一个事物往往是从定义开始的,然后进一步深入了解性质。但一个特定对象之所以是这个特定对象,不正是因为它的本质属性吗？定义实际上是本质属性的一种标签化。就像一种动物,长得像鸭子,动起来也像鸭子,叫起来还是像鸭子,分析一下它的DNA序列发现也和鸭子一样,那么这种动物叫不叫鸭子还重要吗？我们一定就认为它是鸭子了。数学就是研究事物背后隐藏的本质属性、本质联系的学科,所以从数学的角度认识和思考问题才更容易抓住本质。

从数数到建立对应关系,从具体实践提升到数学思维,我们对无穷的认识便更加准确和深入了。其实数学的重点不在于计数或计算,而在于看待问题的思路和方式,更本质一点就是世界观和方法论。数学的不断进步就是给我们提供了各种新的认识世界的角度和工具。对无穷更深入的认识,就是数学思想推动数学发展的经典案例。

所以如果现在有人问你无穷是什么？你可以坚定地告诉他:无穷就是整体可以和部分一样多的东西。

11.5

生命有限，智慧无限

《庄子·养生主》记载："吾生也有涯，而知也无涯，以有涯随无涯，殆已。"这句话的意思是我们的生命是有限的，而知识是无限的，用有限的生命去追求无限的知识，是很危险的。当然这是从道家养生的观点提出来的理论。但如果你真正理解了无穷的含义，其实是可以很容易反驳这句话的。

通过伽利略的悖论我们可以知道，长的线段与短的线段上面点的数量可以是一样多的。那么我们再进一步思考，有限长的一条线段可以和无限长的一条直线上有一样多的点吗？答案是可以。

先画一个半圆，然后作一条与半圆直径平行的直线。我们在直线上任取一点与半圆圆心相连，都会与半圆交于一点。这样就建立起了半圆弧上的点和直线上的点一一对应的关系。根据之前所讲的，我们可以知道半圆弧上的点和直线上的点是一样多的。

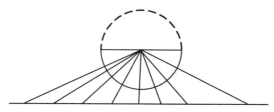

有限长度上的点与无限长度上的点的一一对应关系

对于我们而言这又有什么意义呢？如果我们的生命是一条线段，一个端点是出生,一个端点是死亡。世界是一条直线,从无穷前方而来,向无穷后方前进。将生命线弯成一个半圆,直径与世界线平行,你会发现,从圆心出发,生命线上的点都能在世界线上找到一一对应的点。同样地,世界线上的任何一点都能在生命线中获得匹配的点。

所以,正在看本书的你请记住:虽然生命是有限的,可有限的生命蕴含了无尽的可能。只要能够坚守本心,笃志前行,终将实现你所希望的。

从古至今,人们不断地探索、发现、创新,将未知变为已知,将不可能变为可能。他们的智慧和努力,不仅为我们提供了宝贵的知识财富,更向我们展示了人类无限的可能性。然而,随着知识的积累,我们会发现,知道的越多,反而会觉得自己越"无知"。这是因为人类有限的生命与无尽的知识之间存在着巨大的反差。尽管我们已经知道了很多,但相对于整个宇宙的知识海洋,我们所知的只是冰山一角。这种认知让我们更加敬畏未知,也更加珍惜我们所拥有的知识和智慧。

从"未知"到"知"的每一步,都闪烁着人类智慧的光芒。每一次的探索和发现,都是对人类智慧的考验和提升。在这个过程中,我们不断地挑战自我,突破极限,不断地向更高的知识高峰攀登。这种追求不仅让我们更加深入地理解世界,也让我们更加深入地认识自己。

希望我们都能在有限的生命中,用无限的智慧去探索属于我们的无穷世界。让我们用智慧照亮前方的道路,向着更美好的未来前进。